Animal Exploration Lab for kids

给孩子的
动物实验室

【美】玛吉·雷伯德 著

朱峤 孙颖 杭欢 韩俊杰 舒琛 译

 华东师范大学出版社
·上海·

图书在版编目（CIP）数据

给孩子的动物实验室／［美］玛吉·雷伯德著；朱峤等译．—上海：华东师范大学出版社，2021
ISBN 978-7-5760-1256-9

Ⅰ.①给… Ⅱ.①玛… ②朱… Ⅲ.①动物–儿童读物
Ⅳ.①Q95-49
中国版本图书馆CIP数据核字（2021）第036798号

Animal Exploration Lab for Kids: 52 family-friendly activities for learning about the amazing animal kingdom
by Maggie Reinhold
© 2020 Quarto Publishing Group USA Inc.
Text © 2020 San Diego Zoo Wildlife Alliance
Simplified Chinese translation copyright © East China Normal University Press Ltd., 2021.
All Rights Reserved.

上海市版权局著作权合同登记　图字：09-2020-297号

给孩子的实验室系列

给孩子的动物实验室

著　　者　［美］玛吉·雷伯德
译　　者　朱峤　孙颖　杭欢　韩俊杰　舒琛（按姓氏笔画排序）
责任编辑　沈　岚
审读编辑　陈云杰　胡瑞颖
责任校对　李琳琳
装帧设计　卢晓红　宋学宏

出版发行　华东师范大学出版社
社　　址　上海市中山北路3663号　邮编　200062
网　　址　www.ecnupress.com.cn
总　　机　021-60821666　行政传真　021-62572105
客服电话　021-62865537
门市(邮购)电话　021-62869887
地　　址　上海市中山北路3663号华东师范大学校内先锋路口
网　　店　http://hdsdcbs.tmall.com

印 刷 者　上海当纳利印刷有限公司
开　　本　889×1194　16开
印　　张　9
字　　数　236千字
版　　次　2021年6月第1版
印　　次　2021年6月第1次
书　　号　ISBN 978-7-5760-1256-9
定　　价　58.00元

出 版 人　王　焰

(如发现本版图书有印订质量问题，请寄回本社客服中心调换或电话021-62865537联系)

52 个适合全家一起玩的动物实验

从动物视角来体验和探究

目　录

前　言

打从我记事起，就对动物怀有深厚的感情。我最美好的童年都是在探索和观察野生动物中度过的。

在露营车里隔着车窗和满眼好奇的小鹿碰鼻子，在肯尼亚上空观看300多万只火烈鸟迁徙，这些都是动物带给我的奇妙回忆和震撼经历，它们一直是我生命中的奇迹之源。

我喜欢和女儿们分享对动物的这份热爱，使得她们对动物也充满了好奇和惊讶。雷恩在圣地亚哥动物园目睹小狼基耐对着夜空嚎叫，满脸无比惊讶；菲比抱着她第一只侧斑蜥蜴，眼神里满是兴奋。创作这本书让我有机会和更多的孩子分享这份对动物的热爱，我很欣慰。

我始终相信，关注并保护其他物种的第一步就是去了解它们。但愿这本书中的实验能带领你探索，带给你惊叹，也能激发你的同情心和责任感。因为当你在仔细观察各个物种的独特性时，你也许会发现一个共同点——它们正承受着快速变化的世界所带来的挑战。还有什么事能比得上去热爱我们身边这些不可思议的生命呢？让我们一起来探索神奇的动物世界吧！

概　述

这本书包含了很多有趣的实验，可以帮助你增进对动物的理解和喜爱。

从了解研究动物的技术开始，到利用这些技术去探索动物身上独一无二的行为特征，你将会以一种全新的视角去认识身边的动物。在他人探索成果的启发下，你也许会找到新的方法去保护你周围的这些可爱生命。

在开始你的探索之旅前，请记住最首要的法则就是"避免伤害"。探索动物的过程会带来很多乐趣，但你绝不能伤害和骚扰它们，或是带走任何它们需要的东西。有许多实验会要求你从动物的角度去思考问题，这样你会更容易发现它们的行为特点，也能更好地理解背后的原因。无论是现在还是未来，这都是你在探索的过程中必须记住的要点。

同时，请务必记住：不要把自己置于危险之中。比如，在观察动物的过程中避免触碰它们，这是最稳妥的做法，除非你能确保这种接触没有任何危险，否则不建议你这样做。所以，在操作本书中的实验时，请务必确保你在整个过程中不会对自己和他人造成伤害。

本书的实验会帮助你了解关于动物科学的新知识，掌握研究动物的新技能。每个实验通常包括以下几个部分：

→ **实验材料**　列出所有你在实验中需要用到的物品

→ **安全提示**　提供有助于实验顺利进行的操作指南和相关信息

→ **实验步骤**　详细介绍实验的每个步骤，让你知道应该做什么

→ **科学揭秘**　简要介绍实验背后的科学知识和背景故事

→ **奇思妙想**　启发你思考如何进一步开展实验

为了更好地理解周围的世界，科学家们通常会依据观察提出一个问题，这个问题会引导他们在科学道路上不断探索。完整的科学研究过程包括提出假设（基本上是有根据的猜测）、设计实验、收集和分析数据、根据同行的反馈不断修正假设以及分享展示他们的科学发现。

科学研究中至关重要的一点就是别人可以重复实验的过程和结果。因为科学事实不应该只基于某次偶然的观察结果。举个例子，如果有一天你发现你的猫吞下了一根橡皮筋，你不会向全世界宣布橡皮筋是猫的主食，因为基于某次偶然的观察结果就得出实验结论绝不是开展科学研究的方式。你可以声称有一只猫（可能不怎么聪明）的某个个体行为被一名研究者（你）观察到一次，而科学事实就是这个行为并没有被其他科学研究者普遍地观察到。

实验日志

在本次的探索旅途中，为了帮助你更好地理解和观察动物，建议你使用实验笔记本（或者叫作实验日志）去详细记录你和小伙伴的探索过程和观察结果。在实验日志上，你可以完整记录你在实验过程中获得的信息。作文本、活页本都可以拿来当作实验日志，以下是建议你可以记录的内容：

→ **日期和时间**：记录你做实验的日期和时间。它能帮助你记住实验发生的年月日和具体时间。这是一个很重要的信息，有助于你对发现和结论进行思考，例如，如果你是在冬天而非夏天做实验，这可能会影响你的实验结果。

→ **我的问题**：写下你希望通过实验来验证的问题。你想了解什么？陈述你的假设：基于你已有的认知，你预测会发生什么？

→ **我的步骤**：描述你将用什么方法验证你的假设。可以是简要的实验步骤，但信息应当尽量丰富，以便其他研究者也可以尝试。

→ **我的结果**：记录实验过程中发生的事情、你观察到的内容和你搜集的资料——包括数据、绘画、照片、勾选的条目等，这取决于具体的实验内容。

→ **我的结论**：尝试去解释你的实验结果。例如，陈述实验结果的意义并分析背后的原因。然后你可以进一步思考有哪些因素会影响到实验结果，有哪些意料外的事情发生。

→ **未来研究**：记录下你通过实验发现的其他问题和拓展活动的想法。通常，对一个科学问题的解释可能会引出更多的疑惑，但这就是科学令人兴奋的地方，探索永无止境！

你也可以研究动物

通俗来讲，动物学就是研究动物的学科，几百年来，科学家们一直在研究和完善着动物学。

从查尔斯·达尔文（Charles Darwin）这样的先驱者，到珍妮·古道尔（Jane Goodall）这样的当代英雄，动物学家们通过孜孜不倦地工作了解和记录我们星球上数百万种动物的特征、行为、分布和需求。

动物之间有什么关联？它们吃什么，住哪儿？它们何时繁殖，后代数量如何？它们如何移动、睡觉以及在何处藏身？它们需要怎样的环境才能繁衍生息？正因为有了动物学家，我们才能知道这些事情。当然，还有更多的未解之谜等待着我们去探索。

伴随着世界的不断变化发展，研究人员每年都会发现新的物种。因此，我们需要大量的新生科学家去研究和保护生物多样性，这对于地球的健康发展至关重要。

在本单元的实验中，你将会接触到研究人员在动物研究过程中使用的工具和技术，例如用相机悄悄捕捉动物的痕迹，并筛选出它们留下的线索。这些实验将会让你变身为动物研究人员，记录下重要的数据，并和伙伴分享，你的自主探究能力也将获得提升。

寻找身边的动物

通过寻宝游戏来了解身边的动物"邻居"

🔭 实验材料

→ 手持放大镜

→ 数码相机（或有摄像头的手持设备，如平板电脑、智能手机等）

→ 收集容器（例如1只篮子或桶）

→ 园艺手套（或劳防手套，可选）

→ 实验日志，笔

❗ 安全提示

→ 在第一次行动之前，保持发散的思维十分重要，假如你按照固有思维去探索，那你可能会错过很多有趣的线索。在实验中必须集中精神寻找各种动物留下的痕迹，而不仅仅关注那些活体动物。常见的动物痕迹包括脚印、排泄物（粪便）、食物残渣、骨头、羽毛、毛皮、爪子、网、洞穴、脱落的皮肤和巢穴。

→ 在观察动物遗留物的时候，请务必小心。例如在处理排泄物和食物残渣时，记得戴上手套，避免沾染细菌。

实验步骤

第1步： 至少花30分钟时间去探索你家周围和社区里的环境。要仔细观察动物的栖息地，例如，翻看一下灌木丛，翻动一下石头和木头，也可以爬到树上（必须小心！），去看看你会发现什么。（图1）

第2步： 当你发现一处动物的遗留物时，可以尝试在你的实验日志上描绘它，尽可能记录下所有细节，如尺寸、形状、颜色、质地、气味等。（图2）当然，千万不要去品尝它。

第3步： 如果你发现的遗留物是动物不再需要的，那你可以把它放进收集罐里。如果动物可能还在使用，例如蜘蛛网或者鸟巢，那就用相机来拍摄记录，事后可以打印出来，和其他发现物存放在一起。（图3）

第4步： 你认为你发现的东西是属于什么动物的？昆虫、鸟还是哺乳动物？把你的想法记录下来。

图1

图2

图3

科学揭秘

动物研究人员在很大程度上依赖于他们自身卓越的观察能力和对周围环境的感知能力，他们会运用很多富有创意的技术去研究动物。你将在本单元的后续实验里接触到其中的一些。

作为专业的研究人员，就算仅仅是去动物栖息地，也能获得重要的发现。在那里，科学家们通过对周围环境的关注，可以获得很多有关动物的惊人发现：哪些动物生活在这些栖息地中，某些动物实际上会使用工具，甚至可以记录到全新的物种！

在这个实验中，你将有机会锻炼自己的观察技能，开始思考如何将一些有趣的痕迹和动物们联系在一起。

 ## 奇思妙想

研究人员会花费大量的时间讨论他们的发现，你也可以和别人分享你的观察成果，例如举办一场关于动物遗留物的小展览。你可以将发现的"宝物"按照动物类别进行分类展示，也可以把相似的物件放在一起。并不是只有一种展示方法，只要发挥创造力，你就可以从中获得乐趣。

实验 2

给动物分类

像科学家那样根据动物的共同特征进行分类

实验材料

→ 1台可以上网的电脑
→ 实验日志，笔

安全提示

→ 在使用搜索引擎搜索关键词之前，请父母开启"安全搜索"功能，以便过滤掉一些不适合的图像。

译者注：
① 哺乳类、鸟类、爬行类、两栖类、鱼类属于脊椎动物。节肢动物属于无脊椎动物。

实验步骤

第1步： 在实验日志上画一个7列的表格，并在每列开头分别标记上：哺乳类、鸟类、爬行类、两栖类、鱼类、节肢动物和其他无脊椎动物。① （图1）

第2步： 在搜索引擎图片栏中搜索关键词"动物"，点击出现的图片，在表格里对应的列中记录图片中的动物名字。（图2）想一想，你会把老虎填在哪一列中？还有小丑鱼、响尾蛇、秃鹰、蝴蝶、黑寡妇蜘蛛等，你会如何将它们进行分类？尝试着将搜索出来的前50个动物进行分类，并思考一下，你是根据哪些特征进行分类的？哪类动物最多？是否有些类别中还没有填入内容？

第3步： 现在搜索关键词"节肢动物"。在"节肢动物"一列中记录搜索出来的前20个动物。

第4步： 最后，搜索关键词"无脊椎动物"，将出现在搜索结果中的前20个动物分类记录在相应的列中（节肢动物或其他无脊椎动物）。（图3）

奇思妙想

现在，你应该已经了解了节肢动物的特征（外骨骼、分节的身体、成对的附足），那就接着探索更多其他无脊椎动物的知识吧。什么是软体动物？什么是棘皮动物？什么是多孔动物？你可以利用很多资源去了解无脊椎动物的多样性，例如生命大百科全书(eol.org)。这些生物虽然渺小却依然可以创造伟大的生命，请为它们感到自豪！

图1

图2

图3

科学揭秘

为了更好地了解动物本身的特征及动物间的关系，科学家们通过动物的一些共同特征来将它们与其他种类进行区分和命名。例如，某种动物有脊椎骨、有毛发或毛皮、通过母乳喂养幼崽、以胎生的方式繁殖（而非卵生），并且是温血动物，那么就可以将其定义为哺乳类动物。动物分类系统中最基本的分类单位是"种"[①]。在动物界中，人们可以根据动物是否有脊椎这一特征，较为简单地将它们分为脊椎动物（有）和无脊椎动物（无）两大类群。

在这个实验中，你将会把动物分成7个大类别：哺乳类、鸟类、爬行类、两栖类、鱼类、节肢动物和其他无脊椎动物。首先来了解脊椎动物，你已经了解了哺乳类动物的特征（有毛发或毛皮、哺乳、胎生、温血）；假如，某种动物有羽毛或翅膀，并且满足卵生和温血的特征，那就可以将其划分为鸟类；某种动物身上有鳞片，同时符合卵生和冷血的特征，那它可以被划分为爬行类；某种动物有湿润的皮肤，成长过程中经历过变态发育，并且是冷血动物，那么它就可以被归为两栖类；某种动物生活在水中，通过鳃呼吸，并且符合卵生和冷血动物的特征，那么它就可以被归为鱼类。当然，上述分类规则中也会出现例外，例如有一些蛇类和鱼类可以不通过卵生的方式直接生下幼崽。

接着来看无脊椎动物。事实上，在我们的星球上，无脊椎动物要比脊椎动物多得多，可能有超过97%的动物属于这一类。正如你在本实验中发现的那样，无脊椎动物往往不是人们一下子能想到的动物。但如果没有它们，人类也将无法在地球上生存。你可以重点关注节肢动物，它们是无脊椎动物中最大的类群。节肢动物的特征包括有外骨骼、分节的身体以及若干成对的附足（例如蝴蝶、甲虫、蜘蛛、蜈蚣、蝎子、蟹等）。当然，还有许多其他有趣的无脊椎动物（例如蜗牛、海星、章鱼、蠕虫、珊瑚、蛤、水母等）。

在这个实验中，你可以像科学家一样，通过动物共有的特征对它们进行分类。

译者注：
① 动物分类系统由大到小有界、门、纲、目、科、属、种这几个重要的分类等级。

制作有效的陷阱

制作简单的陷阱来探究本地的节肢动物

实验材料

→ 大塑料杯（若干个，底部钻孔，用以排水）
→ 手铲
→ 简易的帘式装置（将餐巾纸用橡皮筋绑在4根冰棍棒上）
→ 手持放大镜
→ 直尺
→ 垫板
→ 实验日志，笔

安全提示

→ 当你布置完诱捕陷阱后，需要经常去检查它们，以防被诱捕的动物在陷阱中困得太久。每天至少查看一次。
→ 诱捕陷阱的位置需要经过仔细考量，以免绊倒行人。
→ 在观察和接触动物时，请确保动作轻柔，观察和记录完后请将它们放归栖息地。

实验步骤

第1步： 在布置诱捕陷阱之前，先多花一些时间在你的院子或小区里进行细致观察。一般而言，那些植物茂密处、土壤潮湿且阴凉的区域比较容易有动物出没。

第2步： 选定陷阱位置后，用手铲在土里挖一个小洞。（图1）把塑料杯子埋进洞里去。

第3步： 确保你挖的洞和杯子的尺寸相适应，把杯子埋进去后，周围的土应该刚好到杯口的边缘。（图2）杯子底部的孔可以将雨水排出，确保收集的节肢动物不会被水淹死。

第4步： 将4根冰棍棒插入土中，组成一个正方形。在4根冰棍棒的顶部盖一张餐巾纸，再将餐巾纸的四个角用橡皮筋绑在棒子上。这个简易的帘式装置可以保护掉入陷阱的动物不受到阳光直射的伤害。（图3）

第5步： 当你发现有动物落入陷阱后，请将杯子从土里拿出来，仔细观察杯中的动物，或轻轻地将它们放在垫板上。在实验日志上记录下你观察到的动物特征和行为，并尝试绘制它们的草图，标注出身体结构。你也可以去测量一下该动物的身体长度和宽度，以便估算该物种的平均体形。

第6步： 最后，在捕获地点附近放它们回归自然。

图1

图2

图3

奇思妙想

熟悉了诱捕陷阱的使用方法后，你可以尝试将它们安装在不同的位置，然后去比较不同区域出没的动物的数量和种类。比如，在本地植物（你生活的地区中天然存在的植物物种）区域活动的动物，与在种植了观赏植物或外来植物区域附近活动的动物相比较，是否有所不同？在砂质土壤区域和较肥沃的黏土区域活动的动物又有什么不同？你会发现有许多角度可以进行对比。

译者注：
① 生境是指物种或物种群体赖以生存的生态环境。

科学揭秘

诱捕陷阱（也被称为杯式陷阱）是一种开展野外动物调查的简单方法。这种方法既可以让你安全地捕获并观察动物，也可以确保每个动物不受到伤害并最终被放归自然。科学家利用这种方法记录一年中不同时间、不同生境①出现的动物类型，以了解一个地区的物种的多样性和丰富程度。这种方法特别适合去观察和记录节肢动物、爬行动物、两栖动物等小型陆生生物。当研究人员发现陷阱里有动物时，他们会轻柔地观察并记录下各类数据，然后把它们放归自然。比如，研究蜥蜴的科学家会记录下每只动物的体长和体重，并用照片记录下花纹和颜色。

在野外开展调查研究前，研究人员还必须获得设置诱捕陷阱的专业许可并对生态系统进行评估。为了确保被诱捕动物的安全性和舒适性，在安装陷阱和选择地点的过程中也需要考虑很多问题。比如，研究人员必须确保动物不会因为天气条件受到伤害，还要为它们提供水、藏匿点以及保暖防护的材料。

在这个实验中，你将学习通过制作简单的诱捕陷阱来记录本地的节肢动物。

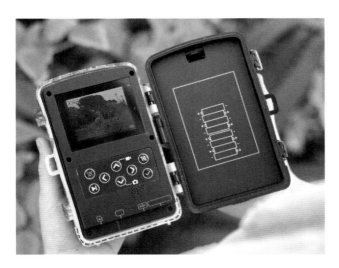

用相机记录

使用监测相机寻找周围动物的踪影

安全提示

→ 可以在网上购买监测相机①，价格会比较便宜。

→ 如果你家周围没有院子或自然空间，可以尝试询问家里有院子的人，是否可以在他们家附近设置监测相机，以记录周围动物的生活。

→ 务必注意保护隐私，不要将相机安装在人群活动较多的区域，也不要装在未经许可的区域。请在安装相机前就告知家人，因为没有人喜欢在不知情的情况下被拍摄。

实验步骤

第1步： 准备好你的监测相机——装上电池、记忆卡，并且根据说明书选择你喜欢的拍摄模式。

第2步： 花几天时间去观察你的院子，了解那里栖息着哪些动物？它们喜欢在哪些角落出没？根据你的观察结果来选择放置监测相机的位置——

将相机设置在动物出没频繁的地区，这样能捕捉到更多野生动物的影像。

第3步： 找地方固定你的监测相机，如木桩、树干或篱笆。（图1）

第4步： 在动物活动频繁的情况下，你可能会获得大量的照片，所以最好每天检查相机。大多数的监测相机都有小屏幕预览的功能，你也可以在电脑里下载照片仔细浏览，再将喜欢的那些照片打印出来。（图2）

第5步： 你可以每隔几天就换个位置放置相机，以便于记录更多不同的动物。大多数的监测相机都有夜视功能，可以帮助你记录夜间动物的行踪。（图3）

实验材料

→ 监测相机
→ 电池（若干）
→ 记忆卡
→ 用于安装相机的支撑结构（如树、杆子等）
→ 实验日志，笔

译者注：
① 具有红外传感功能的相机，一旦有动物进入正前方感应区域，就会自动启动拍照或者录像，其他时间则处于休眠状态。

图1

图2

图3

 奇思妙想

科学探究过程中的重要一步就是分享你的发现。尝试着将你观察到的数据用易于理解和便于分享的方式表达出来，例如制作成彩色的图表。你获得了多少张不同动物的照片？

它们分别属于什么类型（如爬行类、鸟类、哺乳类等）？你会发现有许多值得分享的东西！

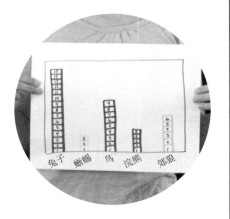

 科学揭秘

监测相机是一种基于传感器技术的专业相机。研究人员可以通过在世界各地的野外观测点放置这种相机来获得野生动物和生态系统的数据。

这种技术使得研究人员可以在不打扰野生动物的情况下开展研究，也可以帮助他们在不在现场的情况下搜集偏远地区的数据。研究人员还可以根据不同的研究需求对相机进行编程，使其可以通过捕捉动作或固定间隔等模式来触发拍摄。从记录某未知区域的物种的多样性和丰富程度，到了解野火、洪水等自然灾害的灾后生境恢复情况，监测相机可以帮助科学家解决很多有关野生动物的问题。

在这个实验中，你将学习使用这种隐藏式监测相机去观察生活在你周围的动物。

采集足迹

铺设一个足迹记录台，看看有哪些动物经过了这里

实验材料

→ 细沙粒
→ 矿物油
→ 手持放大镜
→ 直尺
→ 实验日志，笔

安全提示

→ 在选择足迹记录台的地点时，最好选择人们很少经过的地方，这样你就不会记录到太多人类鞋印等无用的足迹。

→ 在铺设记录台之前，请了解一下天气预报，最好在晴朗的天气里铺设，因为即使一点毛毛雨也可能会破坏你收集的数据。

→ 你可以将记录台区域的土地铺得平整一点，记住不要铺得和周围差别过大，以免惊吓到来访的动物。

实验步骤

第1步： 基于前两个实验，你可以通过诱捕陷阱来了解节肢动物，可以通过监测相机来记录那些体型较大、足以触发相机拍摄的动物。现在，你可以使用记录下的信息来选择铺设足迹记录台的地点。你的研究对象是那些在陆地上行动，并且体重大得足以留下痕迹的动物。因此，你需要选择一个动物频繁出没的地点，且地势比较平坦，没有草丛、沙粒等障碍物。

第2步： 将细沙粒和矿物油倒进碗中混合搅拌，再慢慢地添加矿物油，直到沙子可以塑型但又不至于太湿润或太饱和。（图1）

第3步： 在你选择铺设记录站的地方铺上混合好的沙粒，形成一个矩形的区域，范围不需要很大。（图2）当然范围越大，记录下动物足印的概率也越高，推荐的范围大约是0.6米宽、0.9米长。沙土的深度至少1.3厘米，以便获得清晰的痕迹。完成上述步骤后，让它静置一整天（24小时）。

第4步： 一旦有动物在沙子上留下了足印，请仔细记录它们的长度和宽度，并在你的实验日志上绘制草图。如果你仅仅是希望对留下印记的动物进行大致归类（如哺乳动物、鸟类、爬行动物等）而非确定具体的物种，那你可以找到很多工具手册和网络资料来帮助你辨认这些痕迹。

图1

图2

研究人员使用足迹记录台来记录某一区域内动物的类型和活动。记录台通常会覆盖上粉末、沙土等物质，确保经过的动物能留下明显的足迹。研究人员可以通过足迹识别物种，有时甚至可以识别出性别和年龄。为了吸引动物经过记录台，研究人员有时还会使用诱饵，例如食物或气味。有趣的是，科学家发现某些流行的香水的味道可以成功地吸引大型哺乳动物，例如豹子和美洲虎！

在这个实验中，你将学习如何铺设一个足迹记录台，以了解有哪些动物经过了这片区域。

奇思妙想

当研究人员利用足迹记录台研究动物的时候，有时也会使用一些诱饵来吸引动物，例如食物或者气味。当你重新平整好记录台的沙子后，请尝试用一些不同类型的诱饵来吸引动物，看看你是否获得了更多的不同动物留下的痕迹。推荐的诱饵包括猫粮、金枪鱼罐头、狗粮和鱼片。你也可以试试香水或其他气味。如果你很幸运地在记录台上获得了一条清晰且易于辨认的动物足印，你可以尝试用熟石膏去创作一个纪念品（遵循熟石膏的产品说明），并在上面进行绘画和装饰。

聆听自然

用录音设备记录动物之间的秘密对话

实验材料

→ 录音设备
→ 固定桩或树干等其他结构坚固的物体
→ 实验日志，笔

译者注：
① 可以在微信中搜索小程序"听·见万物"，上传采集到的动物声音。此小程序由上海自然博物馆等单位联合发布，通过发起公众进行采集、记录、上传野生动物分布信息，最终汇聚至研究者数据库中，助力城市野生动物科研。

！ 安全提示

→ 根据自己的经济状况购买合适的录音设备，网上有很多类型可以选择。你也可以使用智能手机、MP3播放器的录音功能，但是一旦丢失或者损坏，更换和修理的成本会很高。

→ 在安装录音设备前，请提前关注天气状况和温度水平（温度越低越好），潮湿的天气会对这些录音设备的功能产生不良的影响。

→ 在实验4中，我们也提到了，隐私是十分重要的。所以尽量不要把录音设备安装在人们经常出现的地方（我们要记录的是动物的声音）。没有人喜欢被监听，所以在安装录音设备前请务必告知家人。

实验步骤

第1步： 尽管大多数的录音设备都是开箱即用的，但在你使用它之前最好能阅读一下说明书。（图1）在理想情况下，你可以在一天中不同的时间录一些短音频。你记录得越多，拥有的数据也就越多，当然你也必须去回顾这些数据。

第2步： 使用这种技术可以捕捉到那些用声音交流的动物的对话，你可以根据这个特点去安装录音设备。这些设备应该被放置在高处而非地面上，例如树上。因为一些爱聊天的动物通常会在那里消磨时间。

第3步： 在你选择好的地点附近找一个结构坚固的物体，将录音设备固定在上面。（图2）在下雨或潮湿的天气还要注意防水防潮。

第4步： 在记录下几次对话后，你就可以下载这些声音并准备好扮演一名侦探了。回顾这些数据是需要花时间的，所以要有耐心并注意劳逸结合。（图3）

第5步： 每当你发现一种新的动物声音时，想一想，这是哪一类动物发出的。把你的想法记录在实验日志上。你可以借助外部的力量去解决这些难题，比如许多网络资源和APP程序等①，都可以帮助你去识别这些声音。

图1

图2

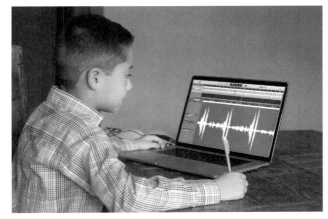

图3

生物录音机是一种用于在特定区域捕捉动物声音的小型麦克风装置。它可以让科研人员更好地了解物种多样性、种群大小和动物间的互动。研究人员不必亲自在现场工作，录音机可以通过设置程序在或长或短的间隔内收集信息。这种研究方法适用于一些难以目测获得数据的地区，如植被茂密的热带雨林里。生物录音机还可以捕捉人类听力范围之外的动物交流的声音，比如次声波。研究人员也用它来监测人类噪声对自然环境产生的影响。他们甚至还捕捉过一些过去被认为已经灭绝的动物的声音。

在这个实验中，你将使用录音设备来捕捉动物间的对话。

奇思妙想

尝试将你收集的动物声音编辑成一首"歌曲"，分享给其他人。你可以用APP程序进行编辑，当然也可以请父母或懂技术的朋友帮忙。

记录行为

像科学家一样记录动物行为

实验材料

→ 计时器

→ 实验日志，笔

安全提示

→ 你可以在你家院子、房子、本地公园甚至附近的动物园或水族馆里研究动物行为。如果这些都不行，那么有些动物园提供可以在线访问的动物直播，你可以通过远程的方式记录下你的实验数据。

→ 当你开始观察和记录动物行为时，请记住非常重要的一点，那就是作为一名研究人员，不要去影响动物的行为。除了"不伤害"原则，你也不想自己的科学成果被质疑。所以在观察的过程中，请尽量保持安静。

→ 选择一个舒适的地点——因为你可能会在那里待上很长的一段时间。可以考虑坐或站在比较阴凉的地方，不要挡住别人的通道，这样你可以专注地完成手头的工作。

实验步骤

第1步： 在你开始计时之前，请选择一种动物并观察它至少5分钟。（图1）把你观察到的动物行为记录在实验日志上。例如，它是在睡觉、休息、吃东西、喝水、玩耍、闻，还是在运动？请简要描述你观察到的每一种行为，让别人理解你在观察什么。这样，一个动物行为图谱就完成了。

第2步： 当你对动物可能表现出的行为范围有了很好的了解之

后，你就可以开始收集数据了。在你的实验日志上画两列表格，记录动物在设定的时间间隔（0秒、30秒、60秒、90秒等）内的行为。（图2）对于初学者而言，选择不少于30秒的间隔比较合适。这样你在每次记录之前都能有足够的时间做准备。

第3步： 将计时器设置为30秒间隔，按下开始键；写下动物在那一刻（0秒）的行为，30秒后再一次记录行为；然后重新启动计时器倒计时30秒，继续之前的操作，直到完成3分钟的观察。（图3）完成后，在你的表格中应该有7个行为观察数据。

第4步： 过几分钟后，再次开始3分钟的观察实验。多次实验将使你对动物行为观察的结论更加准确。

第5步： 现在是分析数据的时候了。你观察到最常见的行为是什么？在一天的不同时间，你记录的行为数据会发生怎样的变化?动物的行为有没有让你感到惊讶的地方？

图1

图2

图3

奇思妙想

思考你观察到的动物行为是否是该物种的典型行为？例如，你观察的是你的狗，你是否期望你邻居的狗也会有同样的行为？尝试去观察同一个物种的不同个体，看看是否会得到类似的结果。你也可以将这些有趣的数据转换为彩色图表。

睡觉　吃饭　玩耍　清洁

科学揭秘

关于动物行为的研究被称为动物行为学，它为科研人员管理和保护动物提供了有价值的信息。研究行为的一个重要工具就是行为图谱。

为了建立这个图谱，科研人员列出并描述动物的各种行为，以便研究和理解它们。行为图谱能帮助科研人员收集和比较单个物种、种群甚至跨物种的数据。当一个全面的行为图谱被建立起来，有关动物的需求、偏好和独特性的数据就可以通过各种各样的取样方法收集起来，这些数据可以帮助科研人员在动物保护方面做出科学的决策。

在这个实验中，你将通过建立行为图谱来研究动物的行为。

不可思议的适应性

在动物界，能够生存时间更长，把基因传给下一代是生物最原始的驱动力之一。

为了实现这一目标，生物进化出了一些有趣的特征。有些是身体上的，比如老虎的条纹皮毛、犀牛的角等；有些是行为上的，比如负鼠遇到危险装死、松鼠储存橡果过冬等。这种特征的变化可以帮助动物捕获猎物、躲避敌人、吸引配偶、高效行动，或者更舒服地待在栖息地。

生物体上出现的这种适应环境的特征称为适应性。生物适应环境的方式多种多样，而那些帮助动物长时间生存、繁殖的特征会在种群中广泛存在，随着时间的推移，这可能最终成为一个物种的典型特征。

本单元的实验将从研究喙的形状在捕食中的作用，到探究脂肪的隔热能力，带你发现动物的身体特征是如何帮助它们在环境中生存和成长的。

实验 8

神奇的对生拇指

尝试在没有对生拇指①这种适应性特征的情况下完成基本的任务

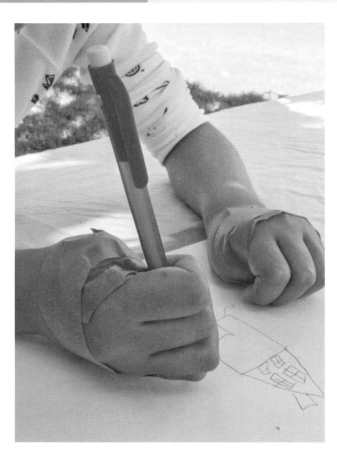

实验材料

→ 绝缘胶带（或透明胶带）
→ 计时器
→ 有鞋带的鞋子
→ 牙刷、牙膏
→ 1碗冰激凌、勺子
→ 梳子
→ 笔、纸
→ 朋友（或家人）的帮助
→ 实验日志

安全提示

→ 进行这个实验时，一定不要骑自行车或者驾驶赛车等。因为没有拇指的帮助，做这些事情可能会非常危险。

实验步骤

第1步： 让你的朋友（或家人）帮助你，用胶带把你的拇指向下固定在手掌上。（图1）

第2步： 使用计时器，让一个朋友（或家人）记录你做各种简单任务的时间。试着系鞋带、刷牙、用勺子吃冰激凌、梳头、写名字、捡起地板上的硬币、转动门把手。（图2）

第3步： 把手上的胶带拿掉，把上一步骤中的时间写到你的实验日志上。然后，再重复做一遍第2步中的任务，并计时。这次可以使用你那神奇的可对握的拇指了。（图3）

译者注：
① 对生拇指是指拇指可以与其他四指对握，因而可以拿握东西，常见于灵长类动物的前肢。

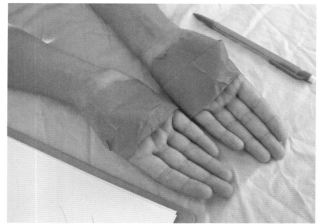

图1

图2

图3

科学揭秘

为了探索动物的某些特征是如何帮助它们生存和成长的，让我们先来看看人类拥有的一种适应性特征——对生拇指。

我们可以用拇指去触摸手上的其他手指，这使得日常生活的各个方面都变得更加容易。对生拇指在动物界非常罕见，只有部分灵长类动物（包括人类）才有。其他动物用各种各样的身体结构来帮助它们抓住物体，但是你那惊人的对生拇指实现了进化上的飞跃。

在这个实验中，你将尝试在没有这种适应性特征的情况下完成一些基本的任务。

奇思妙想

信不信由你，有些动物（甚至包括人类）在做一些基本的事情时，用脚和用手一样在行。这对于没有手的动物来说尤其如此，比如鸟类。它们可以用喙和脚上的趾来敲开坚果、捕获猎物、建造复杂的巢穴。在这个实验里，试着只用脚来完成一些基本的任务。比如，你能用脚写出自己的名字吗？你会用脚系鞋带吗？好像并不那么容易呢！

実验
9

不同的喙，不同的食性

了解喙①的形状是如何帮助鸟类在不同的环境中生存的

安全提示

→ 糖水尽量放在最后一轮，因为糖水比较黏，容易把实验用具弄脏弄乱。这轮结束后，可以通过测量杯内的水位来估算糖水消耗的量。

实验材料

→ 仿真喙（镊子、厨户夹、晾衣夹、一次性塑料滴管或注射器）（图2）

→ 仿真食物（小棉花糖-蛆、小鱼软糖-鱼、生米粒-蚂蚁、爆米花-种子、牙签-小昆虫、切成段的橡皮筋-虫子、一碗加了糖的水-花蜜）（图1）

→ 仿真胃（小号的一次性硬质塑料杯）

→ 大的、带边的烤盘

→ 计时器

→ 参与者（4个人最好）

→ 实验日志，笔

实验步骤

第1步： 在开始游戏之前，先在你的实验日志上画一个4行7列的数据表。每一行代表一种仿真喙，每一列代表一种仿真食物。

第2步： 给每个玩家一个仿真胃（空杯子）和一个仿真喙。介绍游戏规则：用你的"喙"拿起食物并把它们放进你的"胃"里，每一轮只能选择一种食物。用计时器设置时间，每一轮喂食持续20秒。

第3步： 把第一种食物铺在烤盘上，然后宣布游戏开始。20秒后，记录下每种"喙"收集到的食物量。

第4步： 对其他种类的仿真食物重复这个游戏，直到收集了所有食物的数据。（图3）如果有多名参与者，就可以同时测试不同的"喙"。

第5步： 确定每种"喙"最适合吃哪种食物。想一想，拥有某种喙型的鸟能擅长捕捉所有不同类型的食物吗？同时，你也可以思考创建更加丰富多彩的图形和图表来展现游戏结果。

译者注：

① 鸟类的嘴。

图1

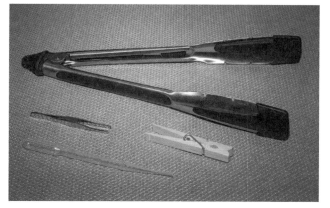

图2

图3

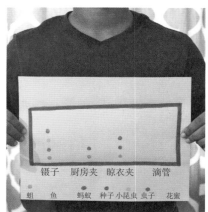

图4

科学揭秘

通常在动物界里，不同物种之间，个体的差异很大。在这个实验里，你可以用仿真喙和各种各样的食物来做实验。不同的喙型是关于适应性进化理论的一个很好的例子。事实上，这正是1835年查尔斯·达尔文（Charles Darwin）访问加拉帕戈斯群岛时引起他兴趣的地方。他发现每个岛屿都有其独特的雀类，不同的喙有助于它们利用岛上不同的食物资源，这种现象让他非常着迷。

当你在考虑某种喙适合哪种食物的问题时，也请考虑一下：哪种喙是适合各种各样食物的。科学家们用物种的"特化"和"泛化"来描述这种现象。特化种往往只存在于一个独特的生活环境，而且通常食性很专一。泛化种的食性和栖息地广泛，能够利用许多不同的资源。

在这个实验中，你会发现喙的形状是如何帮助鸟类在不同的环境下茁壮成长的。

奇思妙想

你已经尝试使用所有已经存在的喙型了，现在试着自己设计一种"喙"吧！想一想，哪些设计元素对鸟类收集食物最有帮助。例如，如果一种喙型过于光滑，就会导致食物不断掉下来。那么，怎么才能设计出一个摩擦力更强的"喙"呢？尽情地发挥你的创意，然后享受这其中的乐趣吧！

多功能的象鼻子

探究象鼻子是怎么吸水的

 实验材料

→ 2只大碗
→ 量杯
→ 饮用水
→ 2根可弯曲吸管
→ 实验日志，笔

 安全提示

→ 在这个实验中，如果你为自己计时，可能会因为着急导致咳嗽、窒息或水从你的鼻子里流出来（非常危险）。因此，不用在乎用了多长时间，只要测量出转移走全部的水需要多少次即可。

实验步骤

第1步： 向第一只碗中倒入3.8升饮用水。

第2步： 把你的2根吸管连接在一起，做一个与大象鼻子比例相近的装置。要做到这一点，你需要小心地把一根吸管的末端塞进另一根的开口里。（图1）

第3步： 用你的"象鼻子"将所有的水从第一只碗转移到另一只碗里。（图2）记录完成任务所需要的移动次数。（图3）转移时，不要把水吸到嘴里，更不要喝这些水。试一试，这个任务有多难？是否会随着时间的推移变得越来越难？你用到了哪些肌肉？

图1

图2

图3

科学揭秘

大象的鼻子是动物世界中最不可思议的适应性变化之一，它可以感觉、举起、触摸、闻、喂食、扔、吸水、浮潜、抓取、喷射，甚至是说话。大象的上唇和鼻子组合在一起形成了象鼻子，两个长长的鼻孔从脸一直延伸到鼻尖。它由数千块肌肉组成，能够帮助大象闻到几千米外的气味。就其本身而言，一个普通的大象鼻子可以重达136公斤，并且能够举起249公斤的东西! 许多人认为大象是用鼻子直接喝水的，但事实并非如此，大象是通过鼻子把水送到嘴里来喝的。

在这个实验中，你会发现把一头普通大象鼻子里的水（3.8升）从一个地方转移到另一个地方有多容易（或多困难）。

 奇思妙想

现在你已经记录了转移的次数，3.8升是一只普通大象鼻子里的水量。然后试着记录：转移一只体型较大的大象鼻子里的水（9.5升），需要多少次？除了记录下转移的次数，还要写下你的其他想法，比如你是否感到累了，是否觉得越来越难了，等等。

绝妙的伪装

探究动物如何通过伪装来隐藏自己

🔬 实验材料

→ 彩虹糖（每种颜色至少100颗，按颜色分装入袋，并贴上对应的颜色标签）（图1）

→ 5小包M&M巧克力豆（多色混合）

→ 5只纸盘（分别涂成棕色、绿色、橙色、红色和黄色）（图2）

→ 为每位参与者准备1只塑料杯（或纸杯）

→ 计时器

→ 1只大碗

→ 参与者（4位最好）

→ 实验日志，笔

图1

图2

⚠️ 安全提示

→ 游戏开始之前，每位参与者都要清洗双手。这样，你就可以直接享用剩下的糖果了!

实验步骤

第1步： 在每袋单一色的彩虹糖中都倒入1包巧克力豆（多色混合）。

第2步： 在实验日志上画一个4行5列的表格。在表格的第一行写上5个纸盘的颜色，在第一列写上4位参与者的姓名。

第3步： 每位参与者拿一个杯子。接下来你们就可以开始进行争夺巧克力豆的竞赛游戏：每个回合持续20秒，每位参与者要尽可能多地从单一色的彩虹糖中挑出巧克力豆（不限定颜色），并放入手中的杯子里。注意，尽量不要挑出彩虹糖。

第4步： 将计时器设置为20秒，然后将贴有红色标签的红色的彩虹糖和多色混合的巧克力豆倒入红色的盘子。（图3）

按下计时器开始游戏。20秒之后，记录每个杯子中巧克力豆的颜色和对应数量，以及红色的彩虹糖的数量。

第5步：重置计时器。将杯子和盘子里的巧克力豆和彩虹糖倒进一只大碗里放在一边。把贴有另一种颜色标签的单一色的彩虹糖和多色混合的巧克力豆倒入对应颜色的盘子。重复游戏，直到得到5个回合的数据。

第6步：查看你所记录的数据，看看有什么规律。例如，在"红色彩虹糖"回合中，你挑出的红色巧克力豆与挑出的其他颜色的巧克力豆相比，是多还是少？是不是所有的游戏回合都有类似的规律？你认为这是为什么呢？如果要挑出来的只有蓝色的巧克力豆，结果会怎样呢？它们是否更容易从糖堆里被挑出来？你认为出现这种现象的原因是什么呢？

图3

奇思妙想

现在，你已经知道了融入环境可以帮助动物不被捕食者发现。接着请尝试使用真实动物的图像再做一次实验！

收集20张动物的图片，可以是网络上的、杂志中的或者是你自己的绘画作品。把这20张图片放在一个房间里，10张放在与其颜色、图案相似的地方（书上、毯子上、动物玩具旁、灯罩旁），剩下的10张图片放在与其颜色、图案完全不同的地方（墙上、桌子上、地板上）。让其他小伙伴进入房间，找出这20张图片。哪些图片最快被发现？把动物的图片藏在与它们身体的颜色、图案相似的背景中，有什么作用呢？

科学揭秘

许多动物依靠迷人的体色生存。有些动物通过鲜艳的颜色来警告捕食者它们是有毒的或者难以下咽的，科学家把这种伪装行为称为警戒色；还有些动物为了避免被捕食者吃掉，模仿其他的有毒物种，这就是科学家所说的贝氏拟态。伪装是一种最常见的动物自我保护方式。动物利用颜色、图案、姿态来伪装自己，这样更不容易被发现。可以说，伪装对于蝴蝶、纺织娘、海马和斑马等动物来说，是一种有效的生存策略。

其实，动物不仅仅用伪装保护自己、躲避敌害，还能借助高超的伪装技巧来隐藏自己、伏击猎物。比如螳螂，其中有些的外形像枯叶，有些的外形像花朵，它们都是捕食性的动物，通过巧妙的伪装来伏击猎物。

在这个实验中，你会发现伪装对于动物来说十分重要，可以保护动物（巧克力豆）不被捕食者（参与者）发现。就像巧克力豆能够隐藏在同种颜色的彩虹糖里一样。

凉爽的体色

探究较浅的体色如何帮助沙漠动物在高温环境中生存

实验材料

→ 1台可以上网的电脑
→ 1块黑色的布
→ 1块白色的布
→ 室外可用的数字温度计
→ 计时器
→ 实验日志，笔

安全提示

→ 在开始网络搜索之前，请先启用"安全搜索"功能，这样可以屏蔽一些不合适的内容。
→ 在晴天开展这个实验！
→ 实验过程中，你不需要直接用身体去感知温度，以免因为天气太热而中暑。使用数字温度计来测量温度即可。

实验步骤

第1步： 用浏览器搜索"沙漠动物"，点击出现的图片。（图1）你发现大部分沙漠动物是什么颜色的？你觉得这是为什么呢？

第2步： 走到室外，在你的实验日志上记录温度计的起始温度。

第3步： 将温度计放在阳光直射的地方，盖上一块白色的布（然后你可以在旁边找一个阴凉舒适的地方等着）。把计时器设定为30秒并开始计时。30秒之后，记录温度计显示的温度。反复计时、记录，持续10分钟。（图2）

第4步： 10分钟过后，把温度计拿到室内，等候读数回到之前记录的起始温度。

第5步： 回到室外，用黑色的布再次进行实验。（图3）

第6步： 实验结束后，你可以先去喝一杯冷饮降温，然后仔细研究实验数据。

图1

图2

图3

在沙漠中生存是很艰难的。那里的环境十分严酷——极端的温度、稀缺的水资源、稀少的树荫和遮蔽处。这就意味着只有适应性强的动植物才能在那样的环境中生存。因此，沙漠动物进化出了一系列特征和行为来帮助它们抵抗高温。

较深的颜色，比如黑色，能够吸收太阳光并将其转换为热能；较浅的颜色，比如白色，能够反射太阳光。在阳光的照射下，深色物体变热的速度要比浅色物体快得多。

在这个实验中，你将研究大多数沙漠动物的体色与散热的关系。

奇思妙想

在比较了黑色和白色对光的吸收和反射能力后，你也可以试着用其他的颜色进行实验。例如，粉色会比黄色更吸热吗？毕竟，只有小部分动物是全黑或全白的，沙漠动物的体色通常是深浅不同的沙土色和灰色。记住，一定要记录数据，这样才能分享你的实验发现。

脂肪大挑战

探究脂肪对极地动物保暖的重要性

实验材料

→ 一大碗（桶）冰水（水量要能够浸没你的手腕）

→ 塑料袋（可以是放零食的自封袋，大小适合儿童使用即可）

→ 记号笔

→ 实验日志，笔

→ 保温隔热材料（植物起酥油、棉花球、黄油、凡士林、泡沫塑料）

→ 一次性手套（乳胶手套、丁腈手套或塑料食品手套都可以）

→ 计时器

 安全提示

→ 有些材料可能会弄脏你的手，也较难去除。因此，实验中记得戴上手套。注意一定要选择合适的手套，避免过敏。

→ 如有需要，可以增加冰水以保持低温！

→ 最好在室外进行实验，以免弄脏你的房间。

实验步骤

第1步：在实验日志上列出所有保温隔热材料的类型，留出一些空间来记录时间。

第2步：将保温隔热材料放进袋子并贴上标签，注明相应的材料名称。（图1）

第3步：戴上手套。

第4步：把手放到第一个装有保温隔热材料的袋子里，按下计时器，再浸入冰水中。（图2）

第5步：你的手能在冰水中坚持多久？把时间记录下来。

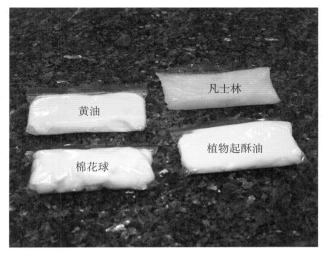

图1

图2

第6步： 每种材料都重复以上步骤进行实验。你也可以尝试不使用任何隔热材料，直接把手浸入冰水中。注意，在两次实验之间要确保你的手恢复到正常温度。

 奇思妙想

你也可以用食品温度计来代替你的手，把它放在每个袋子中再次进行实验。虽然使用这种方法可能无法亲身体验或描述实验的感受，但却能得到更精确的实验数据。

这些保温隔热材料在放入冰水后的降温速度如何？你认为，动物在冰冷的极地海洋中游泳时，哪种保温隔热材料更有效？

确保在每次进行实验时，温度计都已恢复到室温，读数都是从相同的起点开始的。实验结束后，可以将实验结果整理成图表，与大家分享。

 科学揭秘

许多动物生活在非常寒冷的地方，比如北极、南极附近或海洋深处。为了在寒冷的环境中生存，许多动物的皮肤下面都有一层厚厚的脂肪。脂肪不仅能够帮助这些动物保暖，还能为它们提供能量，帮助它们在水面上保持漂浮状态。大多数人认为脂肪能够驱除寒冷，更确切地说，它其实是一种绝热材料，能够阻止或减慢热量从一个物体传递到另一个物体。脂肪不像其他的组织能够传递热量，因此，动物体内产生的热量能够被锁住。

在这个实验中，你将探索和比较不同保温隔热材料的性能。

独特的动物行为

行为是动物与生活环境及周围生物互动的方式。

动物表现出各种有趣的、独特的行为。有些行为是它们与生俱来的，有些则是通过生活经验后天习得的；有些行为是为了躲避捕食者，有些则是为了吸引猎物；有些行为是为了吸引异性，有些则是为了在恶劣的环境中生存。

动物的内部机制会触发一些行为。例如，体温的变化会促使动物在阳光下移动。外部因素也会引发一些其他的动物行为。例如，鸟类会随着季节的变化而迁徙。探究动物行为可以帮助研究人员采取更为有效的措施来保护野生物种以及管理配套的保护设施。

在本单元的实验中，你将了解动物为了最大限度地提高生存和繁殖的机会，会做出哪些反应和调整。你将通过模拟鸟类求偶表演、建造河狸水坝等实验，探究动物为了生存与繁衍而发生的许多独特的行为。

冬眠时的心率

探究深度睡眠对心率、体温和呼吸的影响

实验步骤

第1步： 临睡前，把实验日志、温度计和计时器（设定为60秒）放在床边。明天早上你会用到这些东西！现在，好好地睡一觉吧！

第2步： 第二天睡醒后，用数字体温计测量体温。然后按下计时器，数一数在60秒内呼吸的次数。最后，用两根手指放在气管旁的颈动脉或手腕处拇指侧的桡动脉上，持续60秒，计算心率。（图1、图2）

第3步： 起床后，将计时器设定为3分钟，然后开始跳绳！（图3）尽量不要休息，持续跳绳3分钟。

第4步： 3分钟后，重新测量体温、60秒内的呼吸次数和心率，并记录下来。运动对你的身体会有怎样的影响呢？运动后，你的身体会发生哪些变化呢？可以将你的实验结果整理成图表，与大家分享。

实验材料

→ 计时器
→ 数字口腔体温计
→ 1根跳绳
→ 实验日志，笔

安全提示

→ 停止运动后，你的身体会进入休息状态，心率会很快恢复正常。为了获得更准确的数据，当你在记录呼吸次数的时候，可以让其他人帮你测量心率。

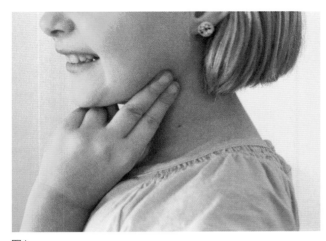

图1

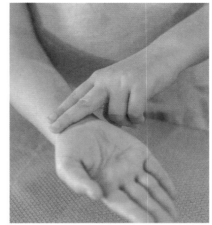

图2

图3

科学揭秘

睡眠时消耗的能量要比活动时消耗得少。有些动物长时间不活动，通过冬眠大大地减少了能量的消耗。大多数冬眠的动物会在食物短缺或气温下降（通常在冬季）时冬眠。在冬眠前，它们会大量进食以增加体内的脂肪储备，或者储存足够的食物以备不时之需。已知的冬眠动物包括熊、啮齿类、蝙蝠、鸟类、两栖类和一些灵长类动物。

在这个实验中，你将研究睡眠和运动对你的身体会有哪些影响，你的体温、呼吸和心率会有怎样的变化。

 ## 奇思妙想

你也可以进一步研究深度睡眠对其他人的影响。

让你认识的人也尝试上面的实验，然后比较你们的实验结果。记得记录他们的年龄、体重和身高，这样你就可以得到各种类型的数据了。

站岗放哨

探究哨兵行为是否有利于保卫领地

 实验材料

→ 参与者（参与人数为偶数，至少8人）

→ 大型、安全、地形多样的户外区域，有藏身和躲避的地方

→ 准备2份诱人的奖品，可以是糖果或饼干（在以往的游戏中，奖品可能是旗子；不过在这个游戏中，建议奖品是香甜可口的食物，以此模拟捕食者正试图捕获并吃掉它们的猎物）（图1）

→ 实验日志，笔

 安全提示

→ 在游戏开始前，一定要检查场地内是否有垃圾和尖锐的物品，是否存在容易绊倒的隐患。

实验步骤

第1步： 将参与者分成两个人数相等的队伍，然后进入游戏场地。

第2步： 每个队伍分配一个区域作为自己的领地，确保两个区域被一个空地隔开。

第3步： 每个队伍拿一份奖品，然后把它藏在自己的领地内（不要让另一个队伍人员看见藏在哪里）。（图2）保护好奖品不被发现。

第4步： 游戏共有3个回合：

回合1：搜索者。所有队员离开自己的领地去寻找对方的奖品。

回合2：搜索者和哨兵。两队各有一半的队员去寻找对方的奖品，剩下的队员则留在自己的

图1

领地守护自己的奖品。

回合3：团队的选择。每个队伍自己决定如何部署搜索者和哨兵。

第5步：每个回合中，在对方领地被盯上的搜索者必须返回自己的领地。每队的哨兵必须与他们自己的奖品保持至少3米的距离，除非有对方的搜索者在场。当搜索者成功找到并带回对方的奖品时，游戏结束。（图3）

第6步：把每一回合的结果和想法记录在实验日志上。第一回合是不是很快就结束了呢？增加哨兵的数量能使游戏回合持续更久吗？在第三回合中，两队是如何部署搜索者和哨兵的？这对游戏的时长有影响吗？

图2

图3

 奇思妙想

你可以对有哨兵行为的群居哺乳动物和鸟类进行一些研究，比如獴、画眉、丛鸦[1]和织布鸟。它们会发出哪些特殊的叫声？哨兵是不是固定的呢？同一时间会有多个哨兵吗？关于动物的这一有趣行为，还有许多奥秘等着我们去探索。

译者注：

① 一种分布在美国的鸦科鸟类。具有蓝白相间的羽毛，有储藏食物的习惯。

② 一种小型的哺乳动物，主要分布在非洲南部。

③ 也常称作土拨鼠，叫声复杂，当受到威胁时会大叫作为警报，并高速逃走。分布在北美洲中西部的大平原上。

科学揭秘

哨兵行为有利于群居的哺乳动物和鸟类生存。当危险来临时，站岗的哨兵会向群体发出警告。当你观察狐獴[2]或草原犬鼠[3]时，很容易看到这一行为。群体中总是有一员笔直地站着，巡视天空和四周，观察是否存在捕食者和其他危险。

在这个实验中，你将探究哨兵行为是否有利于保卫领地。

印象深刻

来一场精心准备的"求偶"表演

实验步骤

第1步： 实验可以放在一个家人都在的早晨进行。在前一天的晚上，收集一些色彩鲜艳的小礼物并包装起来。（图1）

第2步： 第二天起床后，像往常一样穿好衣服。记录家人看到你时的反应。

第3步： 回到房间，换上最鲜艳的衣服。用记号笔、染发剂、亮片来装饰你的皮肤、头发和指甲。（图2）

第4步： 带上你准备的礼物离开房间，对着你看到的每一个人载歌载舞，并给每一个人发礼物。再次记录他们看到你时的反应。

第5步： 如果你足够勇敢，也可以穿上这身衣服在你的朋友面前表演歌舞，看看他们有什么反应。

 ## 实验材料

→ 各种装扮用品（如色彩鲜艳的衣服和帽子、闪闪发光的衣服、水性记号笔、彩色的无毒发胶等）

→ 各种小礼物（代币、糖果、硬币、会发光的物品、纸质雕像模型等）

→ 你的才艺（唱歌、跳舞）

→ 实验日志，笔

 ## 安全提示

→ 在向大家展示前，事先想好要表演的歌曲和舞蹈。

→ 确保你使用的装扮用品都是无毒的、可清洗的！

→ 如果你想在视频网站上观看与实验有关的创意片段，一定要先得到父母的允许。另外，请启用"青少年模式"，这样可以屏蔽一些不适合的内容。

图1

图2

奇思妙想

自然纪录片里的动物求偶表演优美而迷人，令人惊叹！如果得到允许，你可以在视频网站上搜索园丁鸟①、孔雀跳蛛②、极乐鸟③、螳螂、鳄鱼和孔雀的求偶表演视频。观看后，记录你对每段视频的感受。进行求偶表演的多为雄性还是雌性？它们最常炫耀的是哪些颜色呢？

译者注：
① 大洋洲的特有鸟类。雄鸟在繁殖季节常常通过修建、装饰求偶场的方式来吸引雌鸟。
② 澳大利亚特有物种。体长大多在1厘米之内。雄蛛颜色绚丽夺目，在阳光的照射下还会闪现出类似孔雀羽毛的金属光泽。雄蛛在求偶时会跳舞。
③ 主要分布于巴布亚新几内亚及其附近岛屿。雄性极乐鸟的羽毛色彩缤纷，通常具有华丽的饰羽。

科学揭秘

动物们想方设法地寻找和吸引配偶。其中最有趣的求偶方式包括鸣声表达、跳舞、装饰求偶场和赠送礼物。动物的这种行为也被称为求偶炫耀。

令人印象深刻的动物求偶行为无处不在，蜘蛛、青蛙、鲸鱼等动物都有这一行为。但鸟类的求偶行为最为引人注目。例如，许多雄性的园丁鸟和极乐鸟会修建优美的求偶场或展示舞台，表演花式繁多的舞蹈，通过体色显示、鸣声表达、体姿展示、示好行为等方式来吸引雌性。这些惊人的表演需要花费大量的时间和精力。同时，鲜艳明亮的体色和响亮的声音也会增加它们被天敌捕食的风险。这进一步证明了动物在繁殖期承受着巨大的压力。

在这个实验中，大家会看到由你带来的精彩纷呈的"求偶"表演，记录下他们的反应。

丝线猎手

观察蜘蛛那惊人的建造技巧

实验材料

→ 手持放大镜

→ 数码相机（或有摄像头的手持设备，如智能手机、平板电脑等）

→ 实验日志，笔

安全提示

→ 虽然有些蜘蛛是有毒的，但大多数种类是无害的。蜘蛛对控制害虫（苍蝇、蚊子）的数量至关重要。因此，**我们可以仔细地观察它们，但请不要伤害它们。**

→ 通常，在清晨更容易看到蛛网，此时蛛丝上常挂着露水。

实验步骤

第1步： 在室内和室外寻找蛛网，尽可能多找一些。当你发现蛛网时，详细地在实验日志上描绘它，然后把它拍摄下来。

第2步： 记录你找到的每个蛛网的信息和你的想法。想一想，这是哪种类型的蛛网（片状网、圆网、不规则网、漏斗网还是管状网）。蛛网附着在什么上面？你能在蛛网上找到蜘蛛吗？蛛网上有落网的猎物吗？蛛网是脏的还是干净的？在你的周围，哪种类型的蛛网是最为常见的？

奇思妙想

可以举办一场关于蜘蛛和蛛丝功能的小型展览。从网络或学校的图书馆中搜集一些资料，研究蛛丝除了能结网，还有哪些其他的用途。展示实验日志上的图画和你所拍摄的照片，与大家分享你知道的蛛网类型以及蜘蛛结网时用到的身体部位。蜘蛛总是不被重视，尽你所能，将你的朋友和家人变成蜘蛛的拥护者吧！

科学揭秘

结网是蜘蛛最为显著的特征之一。科学家认为，蜘蛛从纺器中产生的丝最初是用来保护它们的卵和身体的，后来才进化出了捕猎的功能。所有的蜘蛛都会吐丝，但并不是所有的蜘蛛都会结网。常见的蛛网类型有4种：

片状网是扁平的、水平的，通常出现在树篱的顶部。（图A）

圆网是圆形的、竖直的，通常挂在离地面很高的地方。（图B）

不规则网看起来像一团杂乱的线。（图C）

管状网通常是在地面上的。（图D）

漏斗网可以让蜘蛛隐藏在蛛网一端，当它们察觉到猎物时，马上就会跑出来。（图E）

有些蜘蛛用丝线来捕猎，它们通过抛出丝网或是末端有黏性的丝线来捕捉猎物。还有一些蜘蛛用丝线和周围的天然

图A

图B

图C

图D

材料（土壤、植被）做成活动式的门盖，它们潜伏在洞口的门盖下，门盖上连着丝线（类似于门的铰链，能够控制门盖的闭合）。当它们感知到猎物时，就会迅速出击抓住猎物。

在这个实验中，你将记录身边发现的各种蛛网。

图E

沙漠中的阴影追随者

实验 18

探究沙漠动物如何利用阴影和洞穴在高温环境下生存

实验材料

→ 室外可用的数字温度计
→ 计时器
→ 小铁铲
→ 实验日志，笔

安全提示

→ 在晴天开展实验。

→ 实验过程中，你不需要直接用身体去感知温度，以免因为天气太热而中暑。使用数字温度计来测量温度即可。

→ 获得许可后才能开始挖掘！

→ 当你用温度计测量洞穴的温度时，可以在上面系一根绳子，这样会更容易取出温度计。

实验步骤

第1步： 在实验日志上画一个20行3列的数据表。在数据表的第一行写上"阳光"、"阴影"和"洞穴"。

第2步： 在室外阳光充足的地方挖一个洞。（图1）一般来说，洞穴在地下是水平延伸的。所以我们要从水平方向挖洞，这样阳光就照不到洞穴的尽头了（这里是沙漠动物藏身的庇护所）。

第3步： 将计时器设定为30秒，然后将室外温度记录在实验日志上。

把温度计放在阳光直射的地方（然后你可以在旁边找个阴凉舒适的地方等着），每隔30秒记录一次温度，持续10分钟。（图2）数据记录在实验日志上表格中的"阳光"那一列。

第4步： 记录完数据后，等候温度计的读数恢复到起始温度。

第5步： 重复上面的实验，这次将温度计放在阴影处。每隔30秒记录一次温度，持续10分钟，将数据记录在表格中的"阴影"那一列。再次等候温度计的读数恢复到起始温度。

第6步： 进行第三次也是最后一次实验。将温度计放在你挖的洞穴里。（图3）每隔30秒记录一次温度，持续10分钟，将数据记录在表格中的"洞穴"那一列。

第7步： 比较三次实验的数据。阴影处会比洞穴中更凉爽还是更温暖呢？温度计放在阳光下的温度要比放在阴影处和洞穴中高多少呢？

图1

图2

图3

在单元2中，你已经了解到浅色的毛皮、羽毛、鳞片和皮肤是如何帮助一些动物在沙漠的高温环境中生存的。动物的节律行为也可以提高沙漠动物的存活率。许多沙漠动物都是晨昏性动物（如郊狼[①]、兔子、鸣禽），它们只在黄昏和黎明出来活动。夜行性动物（如狐狸、猫头鹰、许多种类的蛇和啮齿类动物）在晚上最活跃，这时温度较低。还有些沙漠动物（如乌龟、蟾蜍和一些种类的松鼠）甚至会在一年中最热的时候进入休眠状态。

在这个实验中，你将分别记录动物在阳光下、阴影处和地下洞穴中的耐热能力。

奇思妙想

研究不同的洞穴对处在高温环境下的动物会有什么影响，哪种洞穴最凉爽。

在实验日志上描绘3种不同的洞穴设计图，然后开始挖掘。重复上述实验过程，记录每种洞穴的温度，看看哪种洞穴设计更能有效降温。

———————

译者注：

① 主要分布于北美地区的犬科动物。

河狸建筑师

像称职的河狸父母一样，建造一座实用的水坝

实验步骤

第1步：挖一条稍有坡度的小河道（这样水就不会积聚起来了）。（图2）

第2步：把水管放在河道的上游，打开一小股水流（不要开得太大）。

第3步：利用你收集到的天然材料在河道中间建造一座水坝。（图3）关键是要把水引到水坝后面的池塘，这样就创造出了一个栖息地，河狸可以在那儿建造自己的窝。你可以尝试用不同的材料建造出形状各异的水坝，看看使用干土和湿泥会有哪些区别。

第4步：在实验日志上画出各种设计图，并标出每个部分所用的材料。想一想，使用哪种设计方案和材料是最有效的？哪种根本没用？把你的想法记录在实验日志上。

 实验材料

→ 合适的室外空间

→ 小铁铲

→ 可以连接水源的软水管

→ 尽可能多找一些天然建筑材料（如树枝、泥土、石头、沙子等）

→ 实验日志，笔

 安全提示

→ 如果你家附近没有可以挖掘的地方，可以用铝箔建造一个人工河床。（图1）

→ 河狸不会在河床干涸的时候去建造水坝，所以你也不应该那样做（那是自欺欺人！）。当你尝试用各种设计和材料去建造水坝时，要确保水是流动的。

图1

图2

图3

奇思妙想

建造一座实用的水坝只是河狸父母职责的一部分。建造一个干燥、温暖的河狸小窝是更为重要的，因为这里是抚育小河狸的育婴室。当你建造完水坝之后，可以在后面的池塘里建造一个中空且干燥的小窝，且不会受到外界的影响。建造完成后，可以在里面放一个干燥的棉球，看看小窝是不是既安全又暖和。

科学揭秘

无论是在地下挖洞，在海滩上筑巢，还是在树上建蜂巢，许多动物擅长寻找并利用材料创造一个安全的空间来生活和养育后代。

河狸是最好的动物建筑师之一，当它们成为父母时，会建造一个水坝和河狸小窝。河狸会用锋利的牙齿和强有力的下颌咬断树干，然后拖到水里，再用泥浆把它们粘在一起。一旦水坝足以抵挡水流，河狸就会在新开辟的池塘中建造一个小窝。小窝的内部是空的，里面会铺上柔软的碎木头。位于水下的入口可以保护河狸免受捕食者的攻击。

在这个实验中，你将动手建造水坝，看看使用哪种设计方案和材料最有效。

耍花招

探究巧妙的骗术如何帮助动物生存

实验材料

→ 一群喜欢玩游戏的伙伴
→ 装满水的喷射瓶
→ 实验日志，笔

安全提示

→ 在使用骗术之前，请记住你在本书开头许下的承诺：千万不能伤害他人。实验中的骗术只是为了增加趣味性，使我们了解更多相关的知识，绝不要将任何人置于危险之中。

→ 在第三个情景中，只能使用干净的水，不要添加任何其他东西。虽然角蜥①会用含酸的血液来吓退捕食者，但你在游戏中只能使用干净的饮用水！

→ 获得允许后，你可以在视频网站上观看与实验有关的创意片段。另外，请启用"青少年模式"，这样可以屏蔽不适合的内容。

实验步骤

第1步： 情景1：你是一只试图保护孩子不被捕食者侵害的水鸟。邀请你的伙伴一起玩游戏，但是不要让他们扮演水鸟妈妈。游戏开始时，假装你的脚受伤了，一瘸一拐地走路。这样捕食者就会追击你而不是你的孩子（由你的伙伴扮演）。趁捕食者还没抓住你，赶快逃跑，越快越好，不要再假装受伤了。如果你能够巧妙地运用这个骗术，你的孩子（其他伙伴朋友）会在捕食者追击你的时候逃跑。就像水鸟妈妈为了引开捕食者而假装受伤。（图1）

第2步： 情景2：你是正在伏击猎物的

捕食者，试图通过模仿动物宝宝的声音来吸引你的猎物。邀请你的伙伴一起玩游戏，但是不要让他们扮演捕食者。你先躲在藏身处，每隔几秒就发出柔和的叫声来吸引猎物，例如发出小鸡的叫声。当猎物靠近时，立刻跳出来抓住他们！如果你能够巧妙地运用这个骗术，你将得到一顿美味的大餐。就像虎猫②通过模仿绢毛猴③宝宝的叫声来吸引附近的灵长类动物。（图2）

第3步： 情景3：你是正在试图避开捕食者的角蜥。邀请你的伙伴一起玩游戏，但是不要让他们扮演角蜥。在你的口袋或衬衫里藏一瓶水。游戏开始，当捕食者靠近你时，朝

译者注：
① 分布于美国西南部和墨西哥的沙漠中。皮肤上布满刺状的鳞片，这些刺没有攻击作用，仅仅起防御作用。
② 猫科动物，主要分布于拉丁美洲的热带森林中。
③ 分布于南美洲。

图1

图2

图3

他们的脸上喷水，然后以最快的速度逃跑。如果你能够巧妙地运用这个骗术，你就能避开捕食者。就像角蜥为了躲避捕食者会从眼睛里喷出血液。（图3）

第4步： 记录伙伴们对每一个骗术的反应。你认为动物们使用这些骗术时，也会引起相同的反应吗？

 奇思妙想

自然纪录片记录了许多动物的聪明骗术，令人惊叹！如果得到允许，你可以在视频网站搜索观看华丽的琴鸟①、喷血的角蜥、假装断翅的水鸟、喷墨的乌贼、发出叫声的穴鸮②和响尾蛇等视频。在实验日志上记录你从每个视频中学习到的内容。你也可以根据动物的独特行为设计一些有趣的游戏。

译者注：
① 分布于澳大利亚，雄鸟展开尾羽时，外形酷似竖琴。能够模仿其他鸟类的叫声。
② 主要分布于美洲，是一种体型较小的猫头鹰，以地洞为巢。遇到危险时，雏鸟会发出叫声，很像响尾蛇发出的警告声。

 科学揭秘

许多动物都会使用巧妙的骗术来增加它们的生存机会。

有些动物通过假装受伤或死亡来迷惑捕食者；有些则通过牺牲身体的一部分来转移捕食者的注意力，例如，一些蜥蜴可以通过断尾来做到这一点（它们的尾巴会重新长出来）；有些动物会喷出墨汁或血液，然后快速逃跑；有些则通过模仿不同动物的叫声来吸引猎物靠近、避开捕食者、吸引异性或者吓跑别的动物以获取它们的食物。

在这个实验中，你将尝试其中一些巧妙的骗术，看看你周围的人对此有什么反应。

单元

4

奇妙的动物感官

作为人类，我们是幸运的。因为我们可以看到、听到、闻到、尝到、摸到、感受到。但坦率地说，与其他动物比较起来，人类的这些感觉会显得苍白无力。

夜视、紫外线探测、红外线感应、回声定位、电感应、地磁感应、次声波通信、远距离气味探测—动物拥有着非凡的感官能力（甚至更多），并借此不断地繁衍生息。

本单元的实验将帮助你更好地理解动物是如何运用感官来感知周围世界的。从尝试用你的手做回声定位，到记录你自己手指的感知，在这个单元中，你可以像其他动物那样去探索周围，并对刺激做出反应。

21

用声音 "看" 世界

探究回声在蝙蝠进行定位时起到的作用

图1

实验步骤

第1步： 用卷尺和粉笔，在距离墙0.3米的地面上做标记，一直标到3米，共10个标记。（图1）

第2步： 首先从距离墙3米的地方开始，把球扔向墙。球弹回来后用手接住，让同伴记录球从离开你的手到回到手里一共需要多少秒。然后向前走，在下一个标记点重复刚才的动作。（图2）在每一个标记点重复相同的动作时，尽量使用相同的投掷力。

第3步： 在实验日志上画一个数轴，把10个标记按距离标记上去，再将记录到的时间也标记上去。想一想，假设用球模拟蝙蝠发出的超声波，你认为你测量的结果，能说明来自物体（墙壁）的回声所需的时长与声源的距离有关系吗？如果有，是什么关系呢？有些蝙蝠每秒能发出200次超声波——这些小型哺乳动物真是不可思议！

 实验材料

→ 网球（或小橡皮球）
→ 卷尺（或米尺，至少3米长）
→ 粉笔
→ 坚固的室外墙壁，没有突出物和窗户
→ 计时器
→ 帮你计时的小伙伴
→ 实验日志，笔

 安全提示

→ 在每一次投掷时，尽量保持相同的力量和速度保持相同。

图2

 奇思妙想

这个实验通过让你发出和接收来自不同距离的球，来帮助你探索并了解蝙蝠的回声定位。但是蝙蝠和其他回声定位动物，并不只是从它们前方的静止物体接收回声，它们的两只耳朵彼此分开，能够接收来自四周的反馈。

你可以找几个小伙伴一起到外面去，找一个安全的空地去玩"马可波罗"抓人游戏：你来扮演"抓人者"，戴上眼罩，大喊"马可"，其他小伙伴要立刻回应你"波罗"。你可以随时喊"马可"，通过确定对方的位置来将他们抓住。这并不是一件容易的事，不过我们有两只耳朵，事情就简单多了。

 科学揭秘

有趣的是，并不是所有的动物都通过眼睛"看"周围的世界。有些物种使用生物声呐或回声定位，来感知周围环境中物体存在的位置，这一过程通过发出声音，并接收来自附近物体的回声来实现。回声定位在许多动物的导航和捕猎中起着非常重要的作用，比如，蝙蝠、某些鲸类和海豚、鼩鼱等，甚至还有一些鸟类。回声定位使得蝙蝠能够利用夜晚的时间，这是其他动物通常无法做到的。由于许多昆虫只在晚上出来，而很多食虫动物晚上不出来，所以蝙蝠在晚上的竞争对象比较少，捕猎时可以找到丰富的食物。同时，夜间出行也降低了蝙蝠被吃掉的风险。蝙蝠通过发出超声波来躲避障碍物、瞄准猎物。

在这个实验中，你将通过一个不同距离的壁球游戏来研究蝙蝠在进行回声定位时，回声所起到的作用。

循着气味的踪迹

探究不同的气味如何影响蚂蚁的行为

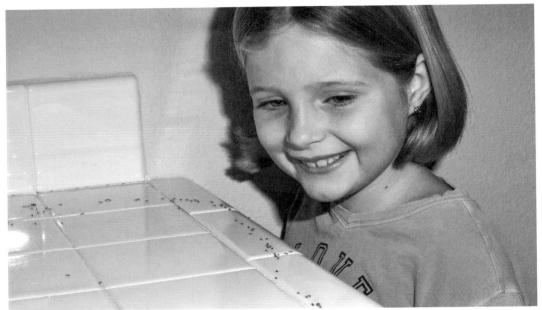

 ## 实验材料

→ 干净的棉球

→ 各种甜/香味的液体（糖水、非柑橘味的果汁、牛奶、苏打水等）（图1）

→ 各种苦/辣味的液体（辣酱、醋、肥皂水、橙汁、咖啡、外用酒精等）（图2）

→ 实验日志，笔

 ## 安全提示

→ 在实验过程中一定不要伤害任何蚂蚁。做实验时，只在它们周围进行，不要把它们浸入任何液体中。

→ 在开始实验之前，先找好蚂蚁的栖息地。这样你就不会把时间都花在寻找蚂蚁上了。它们可能在早上或下午晚些时候最为活跃，而不是在一天中最热的时候。

图1 （从左上角沿顺时针方向依次为：运动饮料、糖水、苹果汁、牛奶）

图2 （从左上角沿顺时针方向依次为：咖啡、柠檬汁、醋、橙汁）

实验步骤

第1步： 在户外寻找一条蚂蚁经常活动的路线（如果你家里有蚂蚁，也可以用它们做实验）。

第2步： 把棉球放进第一种液体里浸透，然后把它放在距离蚂蚁的路线大约7.5厘米的地方，并设置好3分钟的定时器。依次实验蚂蚁对每种气味的反应，各3分钟。然后小心地把棉球拿起来，让棉球上的蚂蚁回到地上。（图3）如果蚂蚁的路线足够长，可以考虑在路线的不同部分测试不同的气味。这样你就可以在测试中使用到不同的蚂蚁了。

图3

第3步： 在实验日志上记录下蚂蚁对每个棉球的反应。想一想，蚂蚁会侦察每一只棉球，还是忽略了一些？它们对甜/香味和苦/辣味的反应相同吗？在它们侦察到苦/辣味的棉球后，它们会避开并且示意其他蚂蚁远离这里吗？哪种气味最能吸引它们的注意力？每只棉球上分别有多少只蚂蚁？

第4步： 考虑将数据整理成图表，与大家分享。

 ## 奇思妙想

观察蚂蚁对愉悦和厌恶的气味的不同反应是很有趣的，当然，观察蚂蚁对不同浓度的这些气味的反应也很有趣。你可以用水稀释每个气味样本，然后再重复做一次实验。观察并思考：当样本被稀释，蚂蚁的反应是否与气味浓的时候相似？蚂蚁对厌恶的气味（苦/辣味）更能忍受吗？记录你的发现以便进一步比较。

科学揭秘

大多数人都知道蚂蚁有一种惊人的能力，它们可以携带比自身体重重50倍的东西，但它们还有另一种能力——拥有奇特的嗅觉！

它们利用触角来处理一种叫作"信息素"的化学信号，这使得它们能够区分同伴和敌人，向同伴发出警报信号，并告诉同伴食物的来源。多年前科学家们就知道蚂蚁会利用正反馈信息素来指引同伴觅食，但直到最近，科学家们才记录到蚂蚁会利用负反馈信息素来告诉同伴不要去哪里。

在这个实验中，你将研究不同气味对蚂蚁行为的影响。

感受振动

试着在不同的表面发出振动

图1

实验材料

→ 橡皮锤（图1）
→ 卷尺
→ 粉笔（用于室外）或胶带（用于室内）
→ 耳塞（或耳机）
→ 若干种不同材质的地板（或地面）
→ 小伙伴
→ 实验日志，笔

安全提示

→ 在每一次击打时，尽量使用相同的力量。
→ 用橡皮锤敲打地板或地面时，要小心，不要敲坏地板或伤到自己。

实验步骤

第1步： 找几间地板或地面是不同材料的房间（如木材、瓷砖、泥土、石头、地毯、乙烯等）。

第2步： 在实验日志上画一张5列的表格，分别标上5、4、3、2、1。每一行表示不同材料的地板。

第3步： 在地面上测量出总计1.5米的长度，用粉笔（或胶带）在每隔0.3米处画一条直线（总共5个标记）。（图2）每次做实验，只选一种材料的地板。

第4步： 让小伙伴坐在或躺在标记为1.5米的一端，然后你用橡皮锤击打地面（注意：建议让你的小伙伴闭上眼睛，戴上耳塞或耳机，这样他们就能专注于感受振动）。（图3）记录同伴的反应：如果他们感觉不到振动，就在表格中记录数字"1"，如果他们感觉到了轻微的振动，记录"2"，如果他们感觉到了

图2

强烈的振动，记录"3"。然后向前走，在下一个标记点重复刚才的动作。在每一个标记点重复这个过程。

第5步： 对至少两种以上不同材料的地面重复上述步骤。然后分别画出数轴，标记距离和小伙伴的反应。想一想，哪种材料的地面最能有效地传递振动？哪种材料的地面不能传递振动？

图3

科学揭秘

许多动物的听力比人类要好得多，它们能探测到人类听力范围之外的声音。事实上，动物感知声音的方式并不是完全一样的，有些动物是通过它们周边环境中的振动来实现听和交流的。

例如，大象可以通过地面的振动来实现信息的远距离发送和接收；蛇的颚部有特殊的骨头，使它们能够探测到附近猎物的振动；有的蜘蛛在求偶时，会在丝线上"拨拉弹唱"，吸引伴侣靠近。但是，振动是如何传播的，它们又是如何被接收者探测到的，在不同的介质上有很大的不同。想想看，一只角蝉在花枝上发出振动，一条鳄鱼在水中用水波振动吸引异性，一只袋鼠通过敲击沙土发出振动……

在这个实验中，你将研究振动是如何在不同的介质中传播的。

奇思妙想

思考一下，在其他物体的表面上，振动的传播是怎样的？如沙发、枕头、桌子、门、玻璃、金属等。如果敲击的表面是易碎的，你可以用手指制造振动，而不是用橡皮锤敲打。

对食物的感知

测试人类的触觉在识别食物方面的可靠性

 实验材料

→ 眼罩

→ 各种小食品（苹果、小熊软糖、椒盐卷饼、什锦薯片、什锦饼干、奶酪块、豌豆、蓝莓等）

→ 各种小的、无毒的非食品类道具（橡皮泥、各种玩具、橡皮擦、仿真厨具套装、肥皂等）

→ 参与者

→ 实验日志，笔

 安全提示

→ 请勿在本实验中使用任何有毒或危险的物品！并确保实验材料中不包含自己的过敏原。

→ 确保参与者仅依靠触觉来辨别每一件物品是否是食物，不可使用视觉或嗅觉。这样做的目的是，看看你能否用"难以辨别的食物"（可能是非食品类道具）来"迷惑"他们。

→ 每次只测试一个人，确保测试时没有旁观者。

实验步骤

第1步： 蒙住一位参与者的眼睛，让他只用触觉来分辨每一样物品是不是食物（需要让他把物品拿得离自己的鼻子远一点，以避免他通过气味来判断）。（图1）

第2步： 把测试物放到参与者的手中，让他摸一摸，或者用手拿着，直到他判断出这个东西是否可以食用。如果他认为是可食用的，可以选择把这个物品放进嘴里尝一下，并说出是什么食物。

第3步： 将每位参与者的测试结果记录在实验日志上。想一想，在实验中是不是有的人比其他人更善于分辨食物和非食物？有没有人作弊（使用了他们的视觉或嗅觉）？最难分辨的是什么物品？哪些物品最容易被分辨出来？

第4步： 考虑将实验数据整理成图表，与大家分享。

图1

虽然大多数动物依靠视觉、听觉、嗅觉，甚至味觉来寻找和捕获食物，但也有少数动物是依靠触觉的。生活在黑暗环境里的动物，比如那些生活在浑水里或地下的动物，为了找到足够的食物，它们会训练自己的触觉，让它进化得越来越灵敏。例如，星鼻鼹鼠[①]的触须比人类的手要敏感得多，这使得这种小动物能够以惊人的速度定位、识别和捕捉微小的无脊椎动物。

在这个实验中，你将记录人类的触觉在识别食物方面的作用。

译者注：
① 星鼻鼹鼠是一种生长于北美洲东部的小鼹，生活在湿地的浅层地道中，以小型的无脊椎动物、水生昆虫、蚯蚓及软体动物为食。

奇思妙想

实验22让你探究了蚂蚁的嗅觉，这次，你也可以探索一下人类的嗅觉。

当你完成参与者触觉数据的记录后，就可以考虑在参与者中测试嗅觉对于识别食物的作用了。你需要使用与之前不同的食品，这样你的测试对象就不会提前知道答案了。确保记录每位测试者的数据，并在结果中寻找规律。

味道测试者

研究你的味觉与其他人有什么不同

实验材料

→ 糖水（或其他甜味的溶液）

→ 盐水（或其他咸味的溶液）

→ 奎宁水（或其他苦味的溶液）

→ 柠檬汁（或其他酸味的溶液）

→ 鸡肉或牛肉汤（或其他鲜味的、肉味的、奶酪味的溶液）

→ 5支干净的滴管

→ 测试者

→ 实验日志，笔

! 安全提示

→ 为测试者准备一些特殊口味的溶液。在开始之前，确保他们没有对任何一种口味的溶液过敏。并对所有愿意帮助你收集数据的测试者表示感谢。

→ 将你的配方记录在实验日志上，例如：1汤匙（约13克）糖+1杯（约235毫升）水，柠檬汁，等等。这样你就知道溶液的浓度了。

实验步骤

第1步： 把5种不同口味的溶液分别放入不同的杯子，给它们贴上标签，避免弄混。（图1）

第2步： 让测试者尝试每种溶液(图2)，并将他们的反应记录在实验日志上。想一想，他们喜欢尝到的味道吗？他们认为这种溶液代表了5种口味中的哪一种？他们认为还有什么其他食物或饮料可能有同样的味道吗？最好你自己也尝试一下，并记录结果。

第3步： 考虑将数据整理成图表，与大家分享。

奇思妙想

根据你记录的数据，你很可能会发现，人类的味觉感受器在不同的人身上，会产生不同的结果。

除了了解测试者对这5种味道的反应外，测试他们对味道的敏感性也很有意义。将每种味道的溶液制作成3种不同的浓度，然后再次进行与之前相同的实验（每种味道的溶液中，要有一杯与之前的实验是相同的浓度，然后再制作它们的浓缩版本和稀释版本）。

想一想，在你的测试者中，是不是年龄越小，对浓度低的溶液越敏感？在测试不同浓度的溶液时，你有没有发现什么规律？

图1

图2

科学揭秘

在整个动物界里，生物大都依靠味觉感受器，再结合嗅觉感受器和视觉线索来识别安全又有营养的食物。不同于人类的味蕾主要位于舌头上，动物的味觉感受器会位于身体的不同部位，大多数脊椎动物的味觉感受器是在口腔里（鱼的味觉感受器是在身体外部），无脊椎动物的味觉感受器的位置变化很大——章鱼的味觉感受器在吸盘上，昆虫的味觉感受器在腿上、触角上、脚上或者颚上。

动物拥有的味觉感受器的数量也不同，它们能感觉到的味道类型也不同。大多数人能感觉到5种不同的味道特征：甜、酸、苦、咸和鲜。我们人类大约有10 000个味蕾，但每个人的味蕾是有差别的，这也是口味有偏好的原因。与人类形成鲜明对比的是，鲶鱼有超过10万个味觉感受器，分布在它们身体的外部，主要集中在它们超级敏感的胡须上（位于嘴巴和鼻子周围，也被称为触须）。

在这个实验中，你会发现自己的味觉和测试者的味觉是有多么的不同。

不同寻常的舌头

仔细看看猫的舌头对它的日常生活有多重要

实验步骤

第1步： 滴一滴吞拿鱼罐头中的汁水在你的手指上，让猫咪舔掉它。（图1）将你的感受记录在实验日志上。你也可以等到猫咪梳理毛发的时候，把手指放在梳理的区域，让猫咪舔你的手。然后把手洗干净，舔舔自己的手指感受一下。

第2步： 我们做不到像猫那样舔自己的胳膊和腿，所以，试着像猫一样喝水吧。把120毫升的吞拿鱼罐头中的汁水倒进碗里，放在厨房的地板上。用计时器记录猫咪多久能喝光所有的水。（图2）可以使用数码相机（或其他带摄像头的手持设备）来记录猫喝水的过程，这样你就可以回看慢动作了。

第3步： 现在，把你最喜欢的饮料倒入一只干净的碗里，试着像猫咪那样喝水：把你的舌头伸到水面上，贴住水面，然后舌头迅速收回，合上嘴巴，让水柱落到嘴巴里。（图3）

 实验材料

→ 1只温顺的猫咪
→ 2只宽口碗
→ 吞拿鱼罐头中的汁水
→ 1种你最喜欢的饮料
→ 计时器
→ 数码相机（或带摄像头的手持设备，如智能手机、平板电脑等）
→ 实验日志，笔

 安全提示

→ 如果你家里没有猫咪，可以考虑去养猫的人家里了解一下。
→ 如果你对猫过敏，可以考虑在你的朋友或家人完成这项活动的时候当一名观察者。

图1

图2

图3

科学揭秘

事实证明，在动物界里，舌头的功能远不止识别食物这么简单。动物们会利用舌头做各种各样的事情，而舌头的实际形状、大小和外观在不同物种之间也存在着巨大的差异。有些动物用舌头来说话（人类），有些动物用舌头来吸引猎物（鳄鱼、鳄龟），有些动物用舌头来捕捉猎物（变色龙），有些动物用舌头来散热（狗），有些动物甚至用舌头来"闻"味道（蛇）。

猫的舌头特别有趣，它的舌头上覆盖着一种叫作"乳头"的小刺，它们用这种小刺来清洁自己的身体、吃东西和喝水。实际上，一些大型猫科动物的舌乳头甚至可以刮掉猎物骨头上的肉。研究人员仔细观察了猫是如何用舌头喝水的，发现了一些惊人的现象：不像狗喝水时是舔舐的动作，猫则是轻轻地拍打水的表面，这样舌尖和水面之间就产生了一小段水柱，它们再把嘴闭上，把舌头收回来，就把水带入了口中。令人惊讶的是，有些猫1秒钟可以伸缩舌头高达4次！

在这个实验中，你可以发现，相比于猫的舌头，你的舌头有什么不同。

奇思妙想

把自己想象成其他有趣的动物，感受一下它们是如何使用舌头的。比如，像变色龙一样把舌尖贴在食物上；运动后像狗一样伸舌头喘气降温；用冰棒把自己的舌头染成蓝色吓唬你的朋友；晚餐时伸出舌头，像蛇一样"品尝"周围的空气。

或者想象一下，如果你不会说话，生活会是什么样子。例如，鳄鱼的舌头牢牢地附着在它们的口腔底部；试着把你的舌头紧紧地贴着嘴底，同时唱《小星星》；试着不用舌头与你的朋友和家人交流。

有没有感受到，舌头是一个很重要的感觉器官。

杰出的感官

尝试使用简单的设备来增强你的视力

实验步骤

第1步： 把一本书打开并挂在大房间或者室外的墙上，确保你与书之间有几米的距离（如果没有东西可以挂书，可以让别人帮你拿着）。以书为起点，量出3米的距离，并试着大声读出书上的文字。（图1）将你对实验的想法记录在实验日志上。

第2步： 现在，站在之前的位置上，用望远镜再次阅读打开的书页。（图2）将你对实验的想法记录在实验日志上。

第3步： 站在距离那些小的家用物品大约15厘米的位置上，观察它们，在实验日志中记录下你看到的东西。（图3）把你觉得有趣的现象和值得注意的细节特征记录下来。

第4步： 现在，使用手持放大镜重新观察这些物品。（图4）把看到的内容重新记录下来。注意记录有趣的现象，还有你对这些细节特征的想法。

实验材料

→ 双筒望远镜
→ 手持放大镜
→ 平装书
→ 小的家用物品（盐粒、胡椒粉粒、冰块、一缕头发、一小段纱线、羽毛等）
→ 卷尺（或米尺，至少3米长）
→ 实验日志，笔

安全提示

→ 可以通过网络购买到许多价格实惠的感官增强设备（夜视仪、紫外灯/黑光灯、仿生监听设备、望远镜、显微镜等）。

图1

图2

图3

图4

科学揭秘

科学家和工程师已经开发了一系列令人难以置信的发明来增强人类的感官，这样就可以更好地发现和了解周围的环境。许多发明就是从其他物种身上得到的经验，例如双筒望远镜、天文望远镜、显微镜、仿生听力设备、夜视镜、紫外灯、红外探测系统、X光机、一氧化碳探测器和雷达/声呐。

在这个实验中，你将用两种常见的设备来做实验，它们都能增强你的视觉，一种用于远处的物体，另一种用于近距离的物体。

奇思妙想

虽然使用望远镜和放大镜这两个简单的设备，就可以让你在家里进行视觉增强的实验，但世界各地每天都在使用许多其他复杂的感官增强设备。可以考虑借一副夜视镜、一盏紫外线灯、一种仿生听力设备、一架望远镜或一台显微镜（或者存钱自己买一台）。试试这些设备，看看它们如何让你看到和听到超出人类正常范围的东西。

尝试在学校图书馆或网络上做一些研究，找一找科学家和工程师已经开发的其他设备和技术，以了解更多的世界，如X射线技术、热成像、近红外光谱、虚拟现实手套、腕带心脏监测器和增强现实设备等。

神奇的动物运动

你会惊奇地发现动物赖以生存的栖息地是极其多样的，有些动物甚至生活在地球上最恶劣、最偏远的地方。

为了生存，不同的动物进化出不同的运动形式和相应的身体结构，以适应不同的生活环境。比如，一些树栖动物能在树上娴熟地荡来荡去，生活在空中的动物能毫不费力地飞行，很多水生和半水生动物能在水中畅游，底栖动物能轻松地在地下挖掘打洞，许多陆生动物能在陆地上敏捷地奔跑。

动物们有的有鳍，有的有利爪，有的有翅膀，它们利用骨骼、肌肉和其他身体结构来实现这些器官的运动，以捕捉食物、躲避天敌，并从它们的生境中获取独特的资源。

本单元的实验将帮助你探究不同动物在不同生境中的运动形式，以及实现这些运动的身体结构。在实验中，你会像青蛙一样跳跃，像海狮一样游泳，去跟这些运动健将一较高低吧！

说走就走

探究你的身体是怎样适应行走的

实验材料

→ 计时器
→ 实验日志，笔

! 安全提示

→ 每次运动后要稍作休息，让你的身体和肌肉得以恢复。不要忘了记录下你每一次运动后的感受。

→ 在模仿每种动物的行走方式之前，你可能需要观看一些视频短片，这样能帮助你更好地了解每种动物在生境中是如何行走的。

实验步骤

第1步： 在实验日志上画一个5行2列的数据表，在第一列写上你要模仿的5种动物的名字：螃蟹、大猩猩、蛇、青蛙和人。在模仿每种行走方式后，将你身体的感受和短距离移动的能力记录在数据表的第二列。（图1）

第2步： 将计时器设为1分钟，开始模仿每种动物行走时，立刻按下计时器。

螃蟹： 半蹲，向前伸出你的双臂，先快速地向左边横着走，再快速地向右边横着走。连续这样行走1分钟。（图2）

大猩猩： 双手握拳，放在地上，靠拳头和脚行走，连续行走1分钟。（图3）

蛇： 俯卧，双臂放在身体两侧，两腿并拢，像蛇一样连续爬行1分钟。（图4）

青蛙： 下蹲，手脚着地，然后连续跳1分钟。（图5）

人： 正常步行1分钟。

第3步： 以每种运动形式连续行走1分钟后，身体哪些部位会感到不舒服？你觉得以不同的方式行走，分别能持续多长时间？你适应直立行走的身体特征有哪些？

图1

图2

图3

图4

图5

虽然动物诞生于数百万年前的海洋，但是现在很多动物是在陆地上栖息生活的。陆生动物表现出多种运动形式，其中许多需要特殊的体型和附肢才能完成。比如，人类主要是依靠腿和脚来实现两足直立行走的。

在这个实验中，你将探究一些常见陆生动物的运动形式，并发现与自己身体特征最相适应的运动形式。

奇思妙想

当你走路的时候，有没有意识到身体发生了哪些变化？你可以找个人帮忙，观察他怎样慢慢地来回走动，或者拍摄一段自己走路的视频，然后仔细观察身体的哪些部位在动，分别是什么时候动的。每只脚是怎么动的？哪些关节参与了运动？手臂有没有动？两只脚是否同时着地？脚着地时，是整个脚掌着地，还是先脚后跟着地，再脚尖着地？腿在向前迈时，哪些肌肉起了关键作用？你会发现，在动物界里，两足行走其实是一种非常复杂、罕见的行走方式！

让我们跳起来吧

尝试与动物界的跳跃高手一较高下

！ 安全提示

→ 与其他动物比试跳跃能力最好的方法，就是排除体型因素，看谁跳得更远（水平距离），谁跳得更高（垂直距离）。为此，在比试之前，请先测量自己的身高（站直后测量从脚底到头顶的距离，图1）和厚度（测量身体的侧面，从前胸到后背的距离，图2），然后试跳几次，在实验日志上记录最好的跳远成绩和跳高成绩。

→ 请在安全的地方跳跃，最好在柔软的草地或沙坑里进行跳远，在柔软的垫子上进行跳高。

→ 当你跳高或跳远时，最好请助手帮你测量，这样你就能集中精力，跳出好成绩。

（接第80页）

实验材料

→ 卷尺（或米尺，至少3米长）
→ 短绳
→ 码尺①
→ 木棍
→ 助手
→ 实验日志，笔

———————

译者注：
① 是一种可折叠的尺，在建筑行业中尤为常见，通常是木质或塑料的。美国市场制造的码尺通常是一码长（0.9144米）。本实验中，可用标有刻度的木棒（或木棍）替代。

图1

图2

奇思妙想

既然你对自己的跳跃本领有了更好的认识，接下来就用相同的方法测量朋友和家人跳跃的距离和高度吧！通过实验，你能发现跳跃能力与身体形状、体型大小和年龄有什么关系吗？另一个重要的影响因素是体重，记录参与者的体重，然后尝试探究体重和跳跃能力的关系。

译者注：
① 哺乳纲啮齿目异鼠科动物，原产于北美洲西部，每足有四趾，前肢短小，后肢强壮，两只后足跳跃时类似澳洲袋鼠。

科学揭秘

在动物界里，很多动物都是跳高或跳远的高手。有些动物擅长其中一种本领，有些动物两种都擅长。得益于独特的体型和肌肉组织，那些需要躲避天敌的动物往往都有出色的跳跃能力。

世界上跳跃能力最好的动物包括：各种袋鼠（跳远距离几乎是体长的7倍），山羚（跳的高度超过身高的10倍），兔子（跳远距离超过体长的15倍），更格卢鼠①（跳远距离近体长的30倍），蝗虫（跳远距离达到体长的30倍），青蛙（跳的高度超过身高的40倍），跳蛛（跳远距离可达体长的50倍），跳蚤（跳远距离近体长的50倍）和蚱蜢（跳的高度超过身高的70倍）。

在这个实验中，你将测量自己跳跃的距离和高度，与其他动物比起来会怎样呢？

让我们跳起来吧!

（接第78页）

图3

图4

实验步骤

第1步： 在跳跃地点拉出3米长的卷尺，然后在起点位置放一根短绳与卷尺垂直，作为起跳线。为了能更清楚地看到你落地时脚后跟的位置，可以请助手站在卷尺旁边。（图3）

第2步： 立定跳远：脚尖紧靠起跳线站立，然后尽力向前跳。（图4）重复跳3次，在实验日志上记下跳得最远的距离。

第3步： 急行跳远：从距离起跳线大约3米的地方以最快的速度进行助跑，当你跑到起跳线时，尽力向前跳，注意起跳时脚尖不能超过起跳线。（图5）重复跳3次，在实验日志上记下跳得最远的距离。

第4步： 让你的助手一只手竖着拿码尺，另一只手横着拿木棍。（图6）

第5步： 立定跳高：站在助手的旁边，向上跳过那根木棍。然后让助手把木棍举高一些，再次跳过去。不断举高木棍，直到你跳不过去为止。在实验日志上记下你跳得最高的高度。

第6步： 急行跳高：从距离助手大约3米的地方开始助跑，当你接近木棍时，尽力向上跳过去。让你的助手把木棍举高一些，然后再次跳过去。不断举高木棍，直到你跳不过去为止。在实验日志上记下你跳得最高的高度。

第7步： 该分析你的实验结果啦！计算你跳的相对距离，将跳远距离除以身体厚度（确保使用相同的长度单位，比如厘米）。同样，计算跳的相对高度，可以将跳的高度除以身高（再次提醒使用相同的度量单位）。把你的实验数据跟动物界的跳跃高手比试一下吧！

图5

图6

猎豹挑战者

你的短跑速度比得过猎豹吗？

实验材料

→ 计时器

→ 卷尺（100米长）

→ 障碍物（交通锥、盒子、毛绒玩具、抱枕等）

→ 小伙伴

→ 实验日志，笔

 安全提示

→ 实验中会经常跑步，请在足够安全、宽敞的地方做这个实验，最好是在后院或公园的草地上。

实验步骤

第1步： 在平坦的草地上拉出100米长的卷尺，把卷尺拉紧绷直，作为跑道（最好把两端都固定住）。（图1）

第2步： 你和小伙伴轮流跑100米，用计时器计时。（图2）你们可以试跑几次，然后取最快成绩记录在实验日志上。

第3步： 为了逃生，猎物在逃跑时很少会沿直线跑，这使得猎豹在追捕猎物的过程中经常需要急转弯，跑"之"字形路线。所以请在100米跑道上放一些障碍物。（图3）然后像障碍回旋赛[1]一样，再跑一次，并计时。

这一次，你们需要迂回曲折地奔跑。同样，在实验日志中记录最快成绩。（图3）

第4步： 计算跑步速度，与其他动物比较快慢。为此，你会用到计算公式：速度=距离/时间。例如，如果你跑100米用了30秒，那么你的速度就是每秒3.3米（100/30≈3.3）。因为跑步的速度大多是以千米每小时来计算的，所以你需要将跑步的距离单位从米转换为千米（距离/1000），将时间单位从秒转换为小时（时间/3600）。比如，你跑100米用了30秒，速度就是12千米每小时。你明白怎么计算了吗？

第5步： 可以将实验结果整理成图表，与大家分享。

译者注：

① 皮划艇运动项目中的一种，在赛道上绕过每个障碍物后到达终点。

图1

图2

图3

动物界里的肉食性动物会使用各种各样的狩猎策略去寻找和捕捉猎物。猎豹利用速度和敏捷性追击猎物，这类掠食者通常具有细长的腿、柔软的脊椎和不能完全收缩（增强抓地力）的爪子。猎豹的奔跑速度非常惊人，最快可达121千米每小时，100米短跑的最快纪录是5.95秒。相比之下，人类100米短跑的最快纪录是9.58秒，2009年由牙买加的乌塞恩·博尔特（Usain Bolt）创造。

在这个实验中，你将探究如何测量你和小伙伴的短跑速度。

奇思妙想

尽管猎豹可以在短距离内迅速达到无与伦比的速度，但它们并不擅于长跑。而有些掠食者擅于长距离奔跑，这往往是它们耗尽猎物体力的一种策略。耐力强的掠食者包括各种犬科动物，比如非洲野狗和灰狼。

你可以考虑设计一个长跑实验，看看你和小伙伴的耐力怎么样。

研究鱼的游泳

仔细观察鱼鳍在游泳中的作用

实验步骤

第1步： 选择水族箱（或鱼缸）里的一条鱼进行观察。如果有很多条鱼，请选择一条有独特标记或颜色的鱼，以便你跟踪观察。

第2步： 在实验日志上画出鱼的轮廓，然后标出所有的鱼鳍和其他身体结构。仔细观察并记录每一只鳍或每一对鳍在水中的运动方式。（图1）是像翅膀一样上下扇动？还是前后扇动？或者左右扇动？

第3步： 在水族箱（或鱼缸）的水面上放一些薄片饲料作为诱饵，仔细观察鱼是如何利用鱼鳍游到水面的。（图2）主要有哪些鱼鳍参与了运动？这些鱼鳍又是怎样运动的？记录下你观察到的现象。

 实验材料

→ 生活在水族箱（或透明鱼缸）里的鱼
→ 薄片饲料（能浮在水面上）
→ 砾石
→ 实验日志，笔

 安全提示

→ 如果你自己没有鱼，可以考虑去拜访养鱼的亲戚朋友，或者存点钱买一两条属于自己的鱼。

→ 当你观察鱼的运动时，可以使用数码相机（或其他手持设备）拍摄一段视频，以便回看慢动作。

图1

图2

第4步：轻轻地将一块砾石扔到水族箱（或鱼缸）里。仔细观察鱼是如何利用鱼鳍来避开这些石头的，哪些鱼鳍参与了运动？这些鱼鳍是如何运动的？石头落到缸底后再重复一次实验，记录下观察结果。

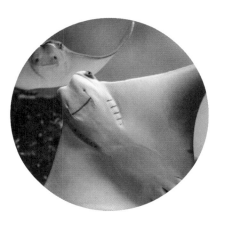

 奇思妙想

如前所述，鱼的形状和大小各不相同，很多鱼的鱼鳍结构与你在实验中观察到的也有所不同。你可以考虑去当地的动物园或水族馆，以便在更大的环境中去观察更多种类的鱼，尤其是那些具有独特鱼鳍结构的鱼，如魟鱼、鳐鱼、鳗鱼、比目鱼和许多生活在珊瑚礁的鱼类，如天使鱼和蝴蝶鱼。请注意观察这些鱼是怎样在水里前进的。

 科学揭秘

虽然猎豹是陆地上跑得最快的动物，但在海洋里有些种类的鱼可以游得更快（比如，印度枪鱼的泳速可达129公里每小时）。你有没有仔细观察过水族箱里鱼的运动？作为一种主要的运动方式，游泳实际上是相当复杂的运动，这在很大程度上是因为空气和水的密度不同，为此，鱼类已经进化出很多适应性的身体结构，可以在水中长时间游泳。

虽然鱼类的身体形状、大小各不相同，但几乎所有的鱼都有鳍，这让它们的游动具有策略性。鱼在水下运动时，每只鱼鳍都起着特殊的作用。背鳍可以帮助保持身体平衡和直立。胸鳍的功能是上下左右运动。腹鳍可以帮助鱼在水里上下游动、急转弯和急停。臀鳍可以维持身体平衡。尾鳍是唯一直接与脊柱相连的鱼鳍，能推动鱼在水中前进，影响鱼的游泳速度。

在这个实验中，你将仔细观察鱼类是如何使用鱼鳍在水中游泳的。

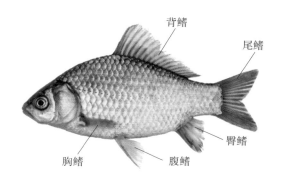

背鳍

尾鳍

臀鳍

腹鳍

胸鳍

游泳者的挑战

增加手脚与水的接触面积，会提高游泳速度吗？

实验材料

→ 游泳脚蹼

→ 游泳池（或者其他可以游泳的地方，比如池塘或湖泊）

→ 计时器

→ 小伙伴

→ 实验日志，笔

安全提示

→ 本实验需要在成年人的监管下进行。

→ 只有你对自己的游泳水平很自信，并且会使用脚蹼游泳，才建议你尝试做这个实验。

实验步骤

第1步： 站在足够深的水中，确保水能淹没你的手臂。掌心向下，双手水平向前伸到距离胸前约20厘米的位置，然后把双手放到水下约15厘米深的地方。（图1）双手靠拢，然后向外打开，做"划水"的动作。如此重复几次，看看水面发生了什么变化。

第2步： 双手竖直放入水中，以同样的速度重复步骤1的动作。（图2）看看水面有没有不同的变化。手垂直于水面划水时，划水面积更大，可以划动更多的水流。把实验现象和你的想法记录在实验日志上。

第3步： 以最快的速度从泳池的一边游到另一边，让小伙伴给你计时。

第4步： 休息几分钟，让身体放松一下。

第5步： 穿上脚蹼，重复第3步。（图3）把不戴脚蹼和戴脚蹼时游泳所用的时间分别记在实验日志上。建议多游几次，取游得最快的时间。然后对比一下，看看使用脚蹼游泳对速度有什么影响。

第6步： 思考一下，如何计算你的游泳速度，以便于和其他会游泳的动物进行比较。为此，你需要测量一下游泳池的长度，然后使用计算公式：速度=距离/时间。举个例子，如果你用10秒游了6米，那么泳速就是每秒0.6米（6/10=0.6），但是游泳速度通常是以千米每小时来表示的，为此，你要把长度单位米换算为千米（距离/1000），把时间单位秒换算为小时（时间/3600），换算后，泳速就是2.1千米每小时。你明白了是怎么计算的吗？（图4）

第7步： 将你的实验数据整理成图表，与大家分享。

图1

图2

图3

图4

　　尽管鱼类是地球上脊椎动物中数量最多的类群（已发现的鱼类超过30000种），但鱼类并不是唯一生活在水中的动物。很多动物可以在水中筑巢，包括两栖动物、鸟类、爬行动物和哺乳动物，还有数量众多的水生无脊椎动物，其中一些动物一生都生活在水中（完全水生），而有一些仅在某些时间生活在水中（半水生）。

　　水生生活通常需要特殊的身体结构与之相适应，比如用于在水中呼吸的鳃或为滤食而特化的牙齿。对于某些动物而言，鳍是适应水生生活的身体结构。许多动物具有特化的肢体，这使他们能最大程度地适应水生生活。比如，鲸、海龟、海豹和海狮等动物都有鳍状肢，有些两栖动物、鸟类、爬行动物和哺乳动物则具有蹼足。就像你把手垂直放入水中划水可以增加肢体表面积一样，鳄鱼的尾巴也具有更大的表面积，因此每次运动都可以划动更多的水，从而以更少的体力实现更快的速度。这些适应性的特征对于它们捕猎和逃避天敌也是至关重要的。

　　在这个实验中，你将研究使用人造脚蹼是如何影响游泳速度的。

奇思妙想

　　动物有很多惊人的适应水生生活的特征，你可以到学校图书馆或利用网络数据库查阅相关资料，建议的研究对象包括：蜻蜓、龙虱、鲨鱼、鳄鱼、海龟、海蛇、青蛙、企鹅、鸭、鲸和海狸。

拍动翅膀

探究翅膀如何帮助动物飞到空中

实验步骤

第1步: 用胶带在平坦的地面上贴出一个0.9米×0.9米的正方形方框。（图1）在方框内（除了正中央的地方），放上小块的轻质材料。（图2）

第2步: 站在方框的中间，展开你的双臂，像鸟儿拍打翅膀一样用力拍打10次（要大声数出来）。（图3）当你拍打翅膀的时候，观察有多少轻质材料被吹到了方框的外面，把数据记录在实验日志上。然后把方框外面的轻质材料放回原位。

第3步: 将硬纸板（或雪弗板）剪成翅膀的形状，与手臂等长，然后用胶带固定在你的手臂上。

第4步: 展开你的"翅膀"，像鸟儿一样用力拍打"翅膀"10次（要大声数出来）。（图4）当你拍打翅膀时，观察有多少轻质材料被吹到了方框的外面，把数据记录在实验日志上。

第5步: 可以将你的实验数据整理成图表，与大家分享。

 实验材料

→ 一大块硬纸板（或雪弗板）
→ 剪刀
→ 卷尺
→ 美纹纸胶带（或其他易于移除的胶带）
→ 一些轻质材料（例如棉球、泡沫塑料、碎纸片等）
→ 实验日志，笔

 安全提示

→ 选择安全、适合的胶带，将"翅膀"粘在你的手臂上。建议选择易于从皮肤上清除的胶带。建议先穿上舒适的长袖衣服，再开展活动。

图1

图2

图3

图4

 奇思妙想

相信你已经感受到了翅膀在空气中产生的神奇力量。

你会发现会飞的动物拍打翅膀的速度也十分惊人。蜂鸟的翅膀能以每秒50次的惊人速度拍动，苍蝇的翅膀每秒能拍动200多次，有些蜜蜂的翅膀每秒可以拍动500多次！看看你的"翅膀"每秒钟可以拍动多少次，与这些动物做个比较。

科学揭秘

生活在空中的动物一般分为两类：动力或主动飞行（需要能量）和无动力或被动飞行（不需要能量）。

目前动物界中只有3类动物属于动力飞行：分别是昆虫、鸟类和蝙蝠。随着地球历史的变迁，这些动物的飞行能力不断进化，它们翅膀的结构也发生了有趣的变化。根据种类的不同，大部分昆虫都有一到两对翅，昆虫的翅实际上是外骨骼的一部分。相比之下，鸟类翼上的骨骼主要是它的上肢骨——肱骨、桡骨、尺骨，蝙蝠翼上的骨骼主要是手指骨——掌骨和趾骨。

另一个不同之处在于，鸟类的翼上覆盖着羽毛，羽毛本身就是一种动态结构。而蝙蝠的翼上覆盖着一层皮肤薄膜，将骨骼和身体连在一起。昆虫、鸟类和蝙蝠都依靠它们独特的翅膀结构来提供重要的力，例如升力、推力和阻力。这可以帮助它

们飞行和最大限度地利用空中资源。正如用鳍划水是游泳和漂浮的关键，用翅膀扇动空气也是如此，特别是在起飞的时候。

在这个实验中，你将探究翅膀如何帮助动物飞到天空中。

制作你自己的飞鼠

通过制作自己的飞鼠来探究滑翔的原理

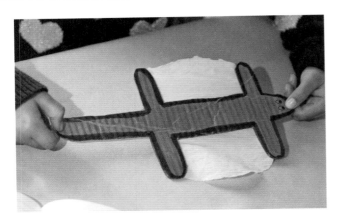

实验材料

→ 卡纸

→ 剪刀

→ 彩笔（或蜡笔，可选）

→ 透明胶带（尽可能轻量化）

→ 硬币（或其他体积小、有分量的物品）

→ 轻质纸张（或塑料袋）

→ 计时器

→ 实验日志，笔

⚠ 安全提示

→ 你可能需要尝试几种不同的硬币，看看哪种硬币最适合用来模拟飞鼠的体重，但要确保在每一次的滑翔实验中，"飞鼠"的重量相同（在有飞膜和没有飞膜两种条件下）。

→ 制作"飞鼠"之前，在实验日志中画一张飞鼠的草图。标注所有的身体部位和要使用的材料。（图1）

→ 如果你想在视频网站上观看与实验有关的创意片段，一定要先得到父母的允许。另外，请启用"青少年模式"，这样可以屏蔽一些不适合的内容。

图1

实验步骤

第1步： 在卡纸上画一只飞鼠，包括头部、身体、前肢、后肢和尾巴。你可以用彩笔（或蜡笔）给你的飞鼠涂色、装饰，但不要增加卡纸的重量。

第2步： 把你的杰作沿着轮廓剪下来。

第3步： 拿一枚硬币放在飞鼠腹部下方的中心位置，用胶带固定好。（图2）这样可以让你的飞鼠在飞行的过程中保持垂直。

第4步： 找一个高的地方，比如阳台或者梯子的顶端（要小心）。把你的飞鼠抛出去。（图3）用计时器记录它落到地面所需要的时间。

第5步： 从轻质纸张（或塑料袋）上剪下两张飞膜图案，用胶带分别粘在飞鼠身体的两侧。飞膜指的是，飞鼠前后肢之间的皮褶，可以帮助飞鼠滑行上百米。

第6步： 再次把你的飞鼠从刚才的地方抛出去，使用计时器来记录它的飞行时间。

第7步： 将数据整理成图表，与大家分享。

图2

图3

科学揭秘

并非所有会飞的动物都是靠动力飞行的。其中一些具有特殊的身体结构，能够使它们充分地利用空气动力学原理，在空气中移动而不会消耗太多的能量。动物进行无动力飞行的3种主要策略是：翱翔、空降（利用"降落伞"）和滑翔。

许多鸟类为了节省自身能量的消耗，会利用飞行时不断上升的气流，来获得并保持飞行高度；很多蜘蛛会利用小型的"丝质降落伞"，让自己能在风中飘动；有些青蛙则用脚上的蹼作为自己的降落伞。

会滑翔的动物则是让自己从高空跳下，然后使用自己专门的飞膜或身体运动来短距离滑翔。飞鱼、飞蛙、飞蜥、飞蛇、飞鼠，以及澳大利亚和新几内亚会滑翔的动物都使用这种策略。南北美洲和欧洲部分地区都有飞鼠，它们从高高的树上跳下来，伸展四肢，把四肢间的飞膜展开进行滑翔，用四肢和毛茸茸的尾巴来控制方向。

在这个实验中，你将制作自己的飞鼠，并研究它的身体特征对滑翔的重要影响。

 ## 奇思妙想

科学家们一直在研究飞行动物的飞行原理和相关的身体特征。在自然纪录片中，你可以看到许多拥有独特技能的生物，当它们展示自己的技能时，简直令人惊叹。

如果条件允许的话，你可以在视频网站上搜索飞鼠、飞蜥、飞蛙、蜜袋鼯、飞天蜘蛛、飞蛇和飞鱼的视频。观看后，记录你对每段视频的感受，并分享你所学到的东西。

有趣的动物家庭

为了实现共同的目标，比如躲避天敌、寻找食物、保存能量和哺育后代，有些动物会以家庭为单位或其他方式进行群居生活。

猫鼬和其他一些动物会有专门的哨兵，必要时向群体发出危险警告；黑斑羚会采用分散逃跑的策略，迷惑天敌；海鸥会团队作战，驱赶捕食者；蚂蚁会释放化学信号，向蚁群报告食物的位置；枪鱼会一起合作，将猎物赶进一个共同的觅食区域；而狼则会协同工作以捕捉猎物。 鹅和其他大规模集群的鸟类会利用空气动力学原理，以最小的阻力飞行；沙丁鱼会利用流体动力学原理，以最低阻力游泳；企鹅成群地挤在一起以保存和共享集体的热量。为了使生存机会最大化，大象和一些其他动物中的特定成员会集中照料整个群体的幼崽。

本单元中的实验将带你探究动物在繁殖和保护后代时，是如何依赖群体的，让你有机会研究和建造最结实的鸟巢，思考新生命的诞生会给群体带来什么样的压力，让你感悟群居生活的优势和不足。

以量取胜

探究群居生活如何让动物保存身体热量

 ## 实验材料

→ 小伙伴（或家人）

→ 计时器

→ 实验日志，笔

 ## 安全提示

→ 选一个寒冷的晚上做这个实验，但是千万不要让自己或他人长时间站在外面，这样可能比较危险。

实验步骤

第1步： 选择一个晴朗、寒冷的晚上，邀请你的小伙伴（或家人）和你一起在外面站3分钟（不能穿厚夹克，否则算作弊）。彼此相隔至少1.5米，然后让他们向你反馈身体的感觉。（图1）把他们的反馈和你自己的感受都记在实验日志上。

第2步： 找出小组成员中感觉最冷的那个人，然后让大家紧紧站在一起，并让感觉最冷的那个人站在人群中央（可以集体拥抱他）。（图2）保持这种站立方式3分钟，然后记录下每个人的身体感受。

第3步： 可以让小组成员轮流站在人群中央3分钟。然后再次记录下每个人的身体感受。

 ## 奇思妙想

除了具有群居的本领，帝企鹅还是地球上最负责的父母之一，它们可以为孩子做出令人难以置信的付出，比如，在寒冷的栖息地不知疲倦地保护和孵化卵，经过长途跋涉来到天敌出没的水域寻找并带回食物。请花几分钟时间，给你的父母或监护人写一封感谢信，感谢他们为你的生活做出的无私奉献。

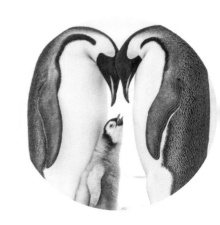

图1

图2

科学揭秘

群居生活会带来很多好处，包括共享热量。帝企鹅可以在世界上最寒冷的地方越冬，那里几乎没有挡风御寒的地方。但是因为愿意挤在一起，帝企鹅可以以最少的能量保持体温。挤成一团的企鹅会从外圈到内圈轮流站立，这样就没有任何一只企鹅会在寒冷中站立太长时间。这种群居生活方式让它们可以在地球上生生不息。

在这个实验中，你将与他人一起合作，探究在寒冷环境中保暖的方法。

完美的鸟巢

亲手制作一只鸟巢，探究它抵御恶劣天气的能力

实验材料

→ 多种天然材料（树枝、木棍、树叶、干草、石头、羽毛和泥土等）

→ 报纸（或桌布）

→ 纸盘子

→ 塑料蛋壳

→ 吹风机

→ 洒水壶

→ 实验日志，笔

安全提示

→ 只能使用鸟类在野外容易获得的筑巢材料（使用胶带或胶水都算是作弊）。（图1）不过，你也可以使用某些人造材料，比如绳子、碎布和碎纸片，因为鸟类也经常利用这些材料。

图1

图2

实验步骤

第1步：找一个平坦的表面，先铺上报纸（或桌布），然后把准备的材料放在上面。（图2）做鸟巢之前，思考一下，你想要做一个什么类型的鸟巢，在实验日志上画出鸟巢的草图。当你在完善鸟巢的设计时，问问自己：鸟蛋会从这个鸟巢里滚出来吗？鸟蛋会从鸟巢里掉下来吗？鸟巢会被大风吹散架吗？下雨时鸟巢里会水漫金山吗？

第2步：在纸盘子上，用收集的材料做一个鸟巢，你可以尝试不同的设计和组合，确保能装下一窝蛋（或一窝小鸡）。

第3步：在鸟巢里放几个塑料蛋壳模型，看看能否装得下（不要让它们滚出来）。

第4步：轻轻地从纸盘子上把鸟巢拿起来，看看鸟蛋会不会从缝隙处掉下来。

（接第98页）

 奇思妙想

现在，你已经了解了一些最常见的鸟巢类型，接下来可以考虑在你家附近或当地的公园里开展一次寻找鸟巢的探险。记住，鸟巢可能在地面上、灌木丛里、树干上或高高的树枝上，因此你需要在不同的地方寻找。

找到鸟巢后，千万别碰它，因为鸟巢通常比较脆弱，并且里面可能有致病菌。所以，最好的处理方法是为鸟巢拍一张照片或画个草图。去寻找并分享你的发现吧！

完美的鸟巢

（接第97页）

第5步：用纸盘子托着鸟巢端起来，然后把电吹风调到最大功率模式，对着鸟巢吹，看看鸟蛋在大风天气下会不会被吹出鸟巢（可以从鸟巢的顶部、侧面和底部分别进行吹风测试）。（图3）

第6步：用洒水壶慢慢地在鸟巢上浇水（在室外进行），看看鸟巢能否正常排水。（图4）

第7步：可以尝试设计不同类型的鸟巢，看看哪种最能经得起以上人造的恶劣天气的考验。别忘了在实验日志上画出每种鸟巢的设计草图，并记录每种鸟巢应对恶劣天气的能力。

图3

图4

科学揭秘

　　尽管帝企鹅会为它们的孩子做出令人难以置信的牺牲，但是有一件事它们没有做，那就是筑巢。取而代之的是，它们会把一枚珍贵的企鹅蛋捧在脚上并保持平衡，让企鹅蛋能接触到身上的特殊皮肤（孵卵斑），以此来保暖。而几乎所有的鸟类、无脊椎动物、鱼类、两栖类、爬行类和哺乳动物都会建造不同类型的巢穴或类似的结构，来保护它们的卵和幼体，避免其受到天敌和不利环境因素的影响。

　　鸟巢的结构从简单到复杂，巢材也多种多样。比如，隼、鸵鸟和鸻鹬类的鸟会建造简单的地面巢——在地面挖一个凹坑，上面没有盖子。（图A）猫头鹰、鹦鹉和啄木鸟使用的是洞巢——利用树干上或仙人掌的洞筑巢。（图B）海雀、翠鸟和海燕会在悬崖和山坡上挖洞筑巢，巢由洞道和巢室组成。（图C）火烈鸟会用泥土和腐烂的植物材料来筑巢，这有利于给鸟蛋保温。（图D）鹗、苍鹭和白鹭会在树顶和地面上建造又大又平的鸟巢。（图E）黄鹂和织布鸟会用草和树枝编织囊状的巢，挂在树枝上。（图F）燕子、蜂鸟和莺类会建造杯状巢，外形看起来像小碗，巢材通常是树枝和干草，粘合剂是泥土或唾液。（图G）

　　在这个实验中，你将自己设计并建造鸟巢，探究鸟巢抵御恶劣天气的能力。

图A

图B

图C

图D

图E

图F

图G

了不起的鸟蛋

探究鸟蛋的形状、结构和坚固程度

! 安全提示

→ 在切开蛋壳的时候，你可能需要成年人的帮助。做这个实验要有耐心，也许要多尝试几次。

实验步骤

第1步： 用放大镜观察鸡蛋壳，你能看到表面的小孔吗？看看鸡蛋是什么形状的，在实验日志上把鸡蛋画出来。

第2步： 拿一个鸡蛋，放在眼前，然后用强光手电筒照射鸡蛋，观察其内部。（图1）你应该能看到蛋黄（为胚胎发育提供营养）、蛋白（为成长的胚胎提供缓冲）和气室（交

实验材料

→ 若干鸡蛋

→ 放大镜

→ 塑料桌布（或其他起保护作用的垫子）

→ 强光手电筒

→ 书本

→ 图钉

→ 小刀（或剪刀）

→ 透明胶带

→ 1只碗

→ 实验日志，笔

图2

换氧气和二氧化碳）。在实验日志上画出被照亮的鸡蛋内部的示意图，标出每个部分的名称。

第3步： 双手握住鸡蛋，让鸡蛋处于两个掌心之间，然后双手向内紧握，看看鸡蛋会不会被挤破。（图2）请在塑料桌布上进行实验，防止弄脏桌子。

第4步： 拿两个鸡蛋放在桌布上，相互间隔5厘米，在两个鸡蛋上面铺一小块桌布，然后小心地把一本书放在鸡蛋的上面。（图3）继续叠放书本直到鸡蛋破裂。在实验日志上记录下两个鸡蛋能承受的书

图1

图3

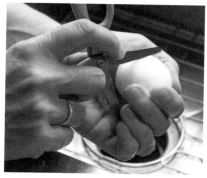

图4

图5

如果你曾幸运地遇到一只鸟巢，而且里面还有鸟蛋的话，只要一想到幼鸟能在里面安全地成长，就会令人非常兴奋。鸟蛋和大多数其他动物的卵不同，鸟蛋的蛋壳非常坚固。事实上，鸟蛋的穹顶形状恰好是世界上最坚固的结构之一，因为它可以将施加在蛋壳顶部的重量和压力均匀地分布在整个蛋壳上。这在很大程度上归功于蛋壳的主要组成成分——碳酸钙的晶体结构。

因为大多数鸟类的父母会坐在鸟蛋上孵蛋，所以鸟蛋必须坚固。但是雏鸟必须自己破壳才能出来，因此蛋壳也不能太坚硬。鸟蛋不仅可以保护雏鸟，还可以在他们生长发育过程中提供营养，使它们能够通过蛋壳上数以千计的小孔进行呼吸。

在这个实验中，你将仔细研究常见的鸡蛋，并探索它们的坚固程度。

的大小和数量。

第5步： 取一个新鲜的鸡蛋，小心地用图钉在鸡蛋的两头各戳一个孔。往一个孔里吹气，这样鸡蛋里的内含物就会流出来。在实验的时候，记得在鸡蛋下面放一只碗。

第6步： 在鸡蛋的中间缠绕一圈透明胶带，然后用小刀（或剪刀）绕着胶带小心地切一个完整的圆，这样你就可以把鸡蛋切成两个半球。（图4）轻轻地撕掉胶带，把蛋壳内外清洗干净。

第7步： 再拿一个鸡蛋，用同样的方法做两个半球形的蛋壳，这样你就有4个半球形的蛋壳了，尽量使它们的高度保持一致。

第8步： 将4个半球形的蛋壳放在10厘米×15厘米大小的长方形桌布上，开口朝下。小心地将书一本一本叠放在4个半球形的蛋壳上，直到有蛋壳破裂为止。（图5）记录下4个半球形蛋壳能承受的书的大小和数量。

奇思妙想

鸟蛋的大小差异很大，小到蜂鸟蛋（大约只有一颗软糖豆的大小），大到鸵鸟蛋（长15厘米，重达2.3公斤）。除了大小不同，鸟蛋的颜色和花纹也不同。你可以从图书馆或网络上查阅一些资料，以了解更多不同的鸟蛋。

鳄鱼孵蛋器

探究植物分解在鳄鱼蛋孵化过程中的作用

 ## 实验材料

→ 食品温度计
→ 植物残体（茎、枝、叶、树皮等）
→ 泥土
→ 洒水壶
→ 鲜艳的布料（或旗帜）
→ 实验日志，笔

 ## 安全提示

→ 这个实验需要数周的时间才能完成，所以要有耐心，记得每周都要测量温度。

→ 最好在盛夏的时候做这个实验，因为每天的气温可以相对比较恒定，而且鳄鱼通常是在盛夏的时候筑巢。

→ 在选择鳄鱼巢址的时候，确保获得了院子主人的允许。

实验步骤

第1步： 在院子里找一个安全而且阳光充足的地方，建造一个大小合适的土堆。第一层放2.5厘米厚的植物残体，然后在上面铺一层薄薄的泥土，接着依次叠放5-6层的植物残体和泥土。（图1）

第2步： 给土堆浇水。

第3步： 将食品温度计的金属探针尽可能深地插入土堆中间，进行测温。（图2）然后用颜色鲜艳的布（或旗帜）在土堆上标记这个位置，这样你就可以在同一个地方测量温度。在实验日志上记下首次测量的温度。

第4步： 在标记的位置重复测量温度，每周2次，持续4周。每次测量后，在土堆上浇一壶水，保证植物持续分解。

第5步： 将你的数据整理成图表，与大家分享。

图1

图2

科学揭秘

提到会下蛋的动物，通常我们首先想到的是鸟类，但实际上，整个动物界几乎所有的动物都会产卵。

几乎所有的鸟类都会把蛋产在鸟巢里，然后利用自己的体温孵蛋。但并不是所有的动物都会像鸟类那样孵蛋，有很多动物生下蛋以后就不管不问地离开了，有些动物则是在体内孵化卵。

还有一些其他动物，比如鳄鱼，虽然会把蛋产在巢里，但它们不是依靠自己的体温来孵化蛋，而是利用外界条件使蛋维持在最合适的温度。雌性鳄鱼会在水边用各种植物、树枝、树叶和泥土筑巢，然后在巢里产下白色圆形的蛋。在接下来大约两个月的孵化期里，它们会在蛋上面覆盖数层植物残体。微生物在分解植物的过程中会产生大量的热量，令人难以置信的是，热量的多少还能决定胎儿的性别!在温度高一些的巢里会诞生更多雄性的小鳄鱼，而在温度低一些的巢里则会诞生更多雌性的小鳄鱼。

在本实验中，你将在人造鳄鱼巢中测量并记录植物分解过程中产生的热量。

奇思妙想

动物筑巢并不都是为了它们的卵，有时候是为了自己!比如，大猩猩每天晚上都会用树叶和树枝在地上或树上筑巢，这是为了睡得舒适、获得温暖和保护自己。如果在你家后院建一个大猩猩的巢，想想怎样才能让它既舒适又温暖，而且还很隐蔽。

甜蜜的负担

探究动物父母带着孩子一起行动会有多难

实验材料

→ 2-3岁的幼童

→ 一个足以装下幼童的大布袋（或手提包），包上要有可以缠在你腰间的提手

→ 实验日志，笔

安全提示

→ 在实验中带着幼童行动时，请确保不要弄伤自己或幼童。自己感到累的时候，可以休息一会！

→ 注意！在实验的第3步中，不要让你的幼年伙伴发生窒息事故！

→ 在使用搜索引擎之前，请启用"安全搜索"功能，这样可以拦截不合适的图片。

实验步骤

第1步： 手和膝盖触地，跪在地板上，让幼童（1位或2位）像小猩猩那样爬到你的背上，紧紧抓住你。（图1）现在，试着在屋子里至少爬3分钟：上下楼梯，爬上沙发，爬上床，爬到厨房里从食品柜拿零食，还可以爬到其他地方。在爬行过程中，你觉得到达哪些地方是最容易的？到达哪些地方是最具挑战性的？你身体的哪些部位最吃力？哪些任务是根本不可能完成的？此外，还要听听"乘客"的反馈，把这些信息都记录在实验日志中。

第2步： 手和膝盖触地，跪在地板上，但这次要让幼童爬到你的身前，像树懒宝宝一样吊在你的身上。（图2）然后在屋子里爬行，同样在实验日志上记录下你在爬行过程中的感受，并从"乘客"那里获得反馈。

第3步： 手和膝盖触地跪在地板上，但这一次用你的嘴咬住幼童背上的衣服，试着叼着（或拖着）他（或他们）在家里到处爬行。（图3）记录下这次爬行过程的感受，并从"乘客"那里获得反馈。

第4步： 把大布袋的一个提手缠在你的腰间，让幼童爬进袋子里。当你像袋鼠一样蹲下来时，你要紧紧地握住袋子的另一个提手。试着带着幼童，在家里跳来跳去。（图4）记录下这次跳跃过程的感受，并从"乘客"那里获得反馈。

图1

图2

图3

图4

科学揭秘

不管是卵生还是胎生，动物的新生儿大多不能马上自给自足。许多动物会继续照顾宝宝一段时间，甚至几年。动物父母或其他看护者，需要保护动物宝宝免受危险，为它们提供食物和营养，并教会它们如何在复杂的世界中生存下来。为了生存，有些动物宝宝必须在出生后几分钟内就要学会走路甚至奔跑（斑马、羚羊、大象等），然而还有许多动物能有效地带着动物宝宝到处跑。很多动物会将宝宝背在背上到处跑（猿、负鼠、鸭、潜鸟、鹅、昆虫、蜘蛛等），无论在水中还是陆地上。有些动物的宝宝会紧紧地抱住父母或看护者的身体，这样它们的父母或看护者就可以充分利用四肢来爬树或到处走动（猴子、树懒等）。有些动物用嘴叼着宝宝活动（狗、猫、鳄鱼等），有些动物进化出特殊的育儿袋来安放宝宝（袋鼠和其他有袋类动物）。

在这个实验中，你将尝试带着幼童到处走动，同时还要确保他们都安然无恙。

奇思妙想

带着一两个婴儿到处跑已经很辛苦了，但是想象一下，如果带着10个、50个甚至100个婴儿到处跑，会是怎样的感受！在网络上搜索图片：负鼠携带宝宝，蝎子携带宝宝，鞭蝎携带宝宝，蜘蛛携带宝宝。这些动物父母是如此敬业，真是太难以置信了！

养家糊口

探究养活一个大家庭需要多少食物

实验步骤

第1步： 从周一开始连续7天，记录你每天吃的食物，最好记下具体日期以便比较。

第2步： 计算平均每日食物摄入量。例如，你在星期一吃了5块饼干，星期二吃了7块，星期三吃了5块，星期四吃了4块，星期五吃了6块，星期六吃了9块，星期天吃了6块，先把7天吃的饼干数量全部相加（5+7+5+4+6+9+6=42），然后用总和除以7天（42/7=6），通过计算可知，你平均每日摄入饼干的数量是6块。（图1）

第3步： 假设你是一只裸鼹鼠[①]，你的家庭一共有30个孩子。想一想，每天需要多少食物才能养活所有的家庭成员？

实验材料

→ 计算器
→ 实验日志，笔

安全提示

→ 有些食物的数量可以直接用整数表示，有些则适合以杯（或其他单位）进行记录。例如，可以直接用整数记录饼干的数量，但是对于意大利面或奶酪，就要以克或杯为单位进行记录。当然，你也可以估算一下，给出较为准确的数量。

译者注：
① 一种分布于东非部分地区的挖掘类啮齿目动物，一窝裸鼹鼠平均有七八十只，最多能达300只，但是每只公鼠的体重大约只有30克。

图1

第4步： 除了要计算养活这30个孩子所需要的食物数量，还要计算这些食物的价格。比如，一盒饼干的价格是40元，每盒有100块饼干，那么每块饼干的价格就是4角钱（40/100=0.4）。

 奇思妙想

思考一下，如何使用相同的方法计算你平均每日的水摄入量？一个有30个孩子的家庭每天又需要多少水？

许多动物生活在淡水资源短缺的地区。它们的生存也离不开水资源。

 科学揭秘

不同种类的动物抚养后代的方式不同，产仔的数量也各不相同。大象每隔数年才生一个宝宝，而老鼠一年可以生育多次，每年就可以生育100个宝宝，但这仅是对哺乳动物而言！两栖动物、鱼类和无脊椎动物，一年可以生育成百上千甚至上百万的后代。

影响产仔数量的因素有很多，包括繁殖方式、幼仔大小、生活资源和捕食风险等。为了能成功地延续后代，许多动物一次可以生育大量的幼仔，裸鼹鼠一次可以生育30只幼仔。但代价是什么呢？虽然动物不必为孩子的衣物、托育、学习用品和玩具等问题操心，但是，更多的孩子也意味着有更多张嘴要喂养。

在这个实验中，你将探究增加产仔数量所带来的成本。

身边的动物"邻居"

我们都认识北极熊和猩猩，但却很少在野外看到它们。

一些令你着迷的野生动物或许离你并不遥远，它们就生活在你家的后院里。与它们进行一些简单的互动，会成为你生活中的难忘时刻！

你随时都可以出门搜寻生活在你家附近的野生动物。你可以用双筒望远镜观察鸟类，在花朵上数蜜蜂，观察蜥蜴，或追逐树上的松鼠，这些我们熟悉的动物在日出后都出现了（昼行性动物）。但是，还有一些动物只在晚上出来活动（夜行性动物），如果想要了解它们的生活，你需要更有耐心，做好更充分的准备。

本单元的实验将帮助你寻找生活在你家附近的野生动物，并与它们进行互动。从培育并放飞蝴蝶，到在夜晚的星空下与青蛙进行"交谈"，本单元将为你创造一个与它们进行亲密互动的机会。

搜寻夜行动物

出门看看夜行动物的样子，听听它们的声音

 安全提示

→ 至少有一位小伙伴与你一起进行这个实验，这样你就不会独自在黑暗中迷路。但是，必须确保你的小伙伴能够保持安静，不会吓走所有的动物！

→ 如果你在春天、夏天或秋天进行这个实验，或许能看到更多动物的身影，听到更多动物的叫声。一旦冬天来临，许多本地的动物会因冬眠而消失不见。

实验步骤

第1步：带着手电筒出门（如果需要的话也可以带上驱虫剂），出门时间至少在日落1小时后，以确保天色已完全暗下来。在院子里找到一个安静舒适的地方，你可以坐在草丛里或软土上。闭上眼聆听你周围的声音。尝试忽略汽车的引擎声、警报声和邻居家的音乐声，以便于你听到大自然的声音。你听到了哪些动物的声音？你能听到蟋蟀和其他昆虫的声音吗？猫头鹰？其他小鸟？蝙蝠？郊狼①？青蛙？在手电筒的照明下，将情况记录在实验日志上：这里有多少种动物的声音？你还听到了多少种人为发出的声音？还要记录当晚的时间、日期、月相以及天气状况，例如多云或刮风。

第2步：将手电筒指向动物声音传来的方向，看看你能否找出这个发声的动物在哪里。（图1）

第3步：带着手电筒在院子里逛逛，找找动物在哪里。抬头看看树上、树皮上、灌木丛里、岩石下、地面上、自家房屋的墙上、屋檐上以及自家室外照明灯的附近，这些都是昆虫和其他无脊椎动物喜欢聚集的地方。（图2）在实验日志上记录下所有你发现的动物的样子，并尽可能地用相机拍摄下你所见到的动物。

译者注：
① 主要分布于北美地区，体型略小于常见的灰狼。

实验材料

→ 手电筒

→ 数码相机（或有摄像头的手持设备，如智能手机或平板电脑等）

→ 小伙伴（可选）

→ 驱虫剂（可选）

→ 实验日志，笔

图1

图2

科学揭秘

夜行性动物在夜间活动有许多听上去很棒的理由：它们面临的资源竞争相对较少，在凉爽的温度下活动可以节省自身对水和能量的消耗，黑暗还有助于它们通过伪装来躲避天敌。生活在你周围的动物会采取这样的生存策略吗？

在这个实验中，你将在夜晚出门，去发现和记录你家周围的夜行性动物。

 ## 奇思妙想

萤火虫是一种最常见的夜行性动物。世界各地一共分布有超过2000多种的萤火虫。萤火虫通过生物荧光来求偶和捕食，它们的荧光以绿色、黄色、粉色和橙色显现。

当萤火虫处于活跃期时，你可以通过一系列人造的闪光来获得它们的回应。当你静静地坐在草地上时，请打开手电筒或笔形照明灯，发出一系列中间稍有停顿的快速闪光。在获得萤火虫的响应后，看看你们之间的互动能维持多久。将萤火虫抓入透明的罐子里会十分有趣，这样你就可以近距离地观察它们。请确保事先在罐子的瓶盖上戳几个气孔以保持空气流通，数分钟后请将萤火虫放归大自然。

呼唤猫头鹰

探究猫头鹰的狩猎活动，揭示本地动物的习性

实验材料

→ 手电筒
→ 利用网络（或应用程序）录制的猫头鹰叫声
→ 以扬声器模式播放猫头鹰叫声的手持设备
→ 望远镜
→ 手套
→ 镊子
→ 手持放大镜
→ 小伙伴（可选）
→ 塑料袋
→ 实验日志，笔

安全提示

→ 至少有一位小伙伴与你一起进行这个实验，这样你就不会独自在黑暗中迷路。但是，必须确保你的小伙伴能够保持安静，不会吓走所有的猫头鹰[1]！
→ 某些动物在日落后会立即出来活动，还有一些动物要等到天色完全暗下来后才会出现，因此你搜索动物的时间可能需要几个小时。
→ 如果你在自己家的周边没有找到猫头鹰的食丸[2]，那就从网上订购它们。

实验步骤

第1步： 在日落后出门，尽可能在树木较多的地方寻找猫头鹰的栖息地。你可能会在大树底下发现猫头鹰的食丸，它们看上去就像是药丸，由羽毛和骨头组成。如果你发现了它们，戴上手套后把它们装进塑料袋里。（图1）在实验日志上记录发现食丸的地点。

第2步： 时不时停下来听听猫头鹰的叫声。如果没听到叫声，可以播放事先准备的猫头鹰的叫声。

也可以回家后继续播放，看看能不能把猫头鹰吸引到你家的院子里。找到一个能看到大片树林的舒适地点坐下，然后播放录音。（图2）

第3步： 如果你在活动过程中找到了猫头鹰，使用手电筒和望远镜帮助你观察，将它画在实验日志上。请注意它的体型大小、体色、身上的条纹、喙的形状以及当时的行为。如果你能分辨出这是哪一种猫头鹰，试着播放这种猫头鹰的叫声，看看它有没有反应。如果可以的话，趁着这只猫头鹰飞走之前，带着你的手电筒和望远镜走近并仔细观察它。（图3）

第4步： 当你回到室内后，戴上手套并用镊子仔细地解剖找到的猫头鹰的食丸。可以将食丸中的骨头用胶水粘在一张白纸上。用手持放大镜仔细地检查每一块骨头，试着找出它们的来源（例如，腿骨、上肢骨、脊椎骨、头骨、牙齿等）。（图4）你能说出猫头鹰喜欢捕食哪一类动物吗？

图1

图2

图3

图4

 奇思妙想

　　猫头鹰并不都是严格的夜行性动物。例如，有一种叫做穴鸮的猫头鹰，它白天和夜晚都会出来活动。它们经常栖息在其他动物（例如草原土拨鼠③和地松鼠④）挖好的洞中，并在那里养育后代。穴鸮广泛地分布在北美洲和南美洲，你也许可以借助某些网络资源，实时地看到摄像机镜头下的它们。快去找吧！

 科学揭秘

　　世界上广泛分布着超过200种的猫头鹰，它们是许多社区里的常客。猫头鹰十分适合在夜间捕猎，它羽毛上分布着特殊的羽小钩，这可以帮助猫头鹰悄无声息地飞到猎物身旁。它们的耳朵位于头部两侧的不同高度，可以帮助它们通过三角测量精确定位到正在活动中的猎物。猫头鹰的大眼睛并不能在眼眶中转动，因此它必须通过转动自己的头部来察看四周。猫头鹰绝佳的远视和夜视能力可以帮助它们定位到远处躲藏的猎物。绝大多数的猫头鹰伪装能力很强，它们的爪子和喙十分锋利，能够轻易地撕碎猎物。猫头鹰就像是一台隐形的捕猎机器！

　　在这个实验中，你将循着猫头鹰的狩猎活动，看看它的食谱里有哪些本地动物。

"挑食"的小鸟

记录你家周围的野生鸟类的食物偏好

 ## 实验材料

→ 具有一定高度的平台（如阳台栏杆等）

→ 各种安全且适合野生鸟类的食物（去壳的无盐向日葵种子，活的或制成干的蠕虫，鸟食，切开的新鲜甜瓜，切开的葡萄，无盐花生，一小杯糖水等）

→ 双筒望远镜

→ 鸟类图鉴（可选）

→ 实验日志，笔

 ## 安全提示

→ 选择一个高度适合你和小鸟的平台，同时还要便于你观察。你可以利用干燥的鸟食盆①或者宽度足够的阳台栏杆。

→ 注意社区里潜在的鸟类天敌，例如野猫或鹰类。

实验步骤

第1步： 在平台上摆放好你为小鸟准备的食物，然后耐心地等待它们来临。（图1）

第2步： 使用双筒望远镜观察每只来访的小鸟，然后将它们画在实验日志上。（图2）着重观察它们喙的形状和大小。仔细记录小鸟选择的食物，请注意它们可能会带着食物飞走，然后去其他地方继续享用。

第3步： 及时补充被小鸟吃完的食物，尽量让每只到访的小鸟拥有相同的食物选择。你能发现鸟喙形状与它们偏爱的食物之间的关系吗？哪种食物最受鸟类欢迎？你能通过鸟类图鉴或网络资源辨别出来访的是哪种鸟类吗？

译者注：
① 通常由人们置于花园中，供鸟类梳洗羽毛和饮水。

图1

图2

除了像猫头鹰那样少数的鸟类是夜行性动物以外，大多数鸟类会在白天出来活动。我们在单元2的实验9中已经学习了喙的形状与食物偏好之间的关系，讨论了诸如食谷动物、食虫动物、食蜜动物和滤食性动物等术语。你可以将这些信息应用到实际中去。鸟类在全世界范围内分布很广，在你家附近与它们进行一些互动是一件很容易的事情。如果你事先准备充分并在过程中细心观察，那么你就会明白鸟类偏爱的食物有哪些。

在这个实验中，你将观察鸟类的取食行为并将其记录下来，看看它们的喙有什么不同。

奇思妙想

观察鸟类不同的取食方式是一件很有趣的事情。有些鸟类一口就把食物吃掉了，有些鸟类会用爪子把食物抓住然后一口一口撕着吃，还有一些鸟类会借助其他物体将食物敲碎。鸟类十分聪明，有些鸟类甚至会利用工具来捕食。可以试着用一些天然材料将食物包起来，比如用叶子将花生或蠕虫包起来再用干草扎紧，来访的小鸟能否打开你的"包裹"呢？

培育美丽的蝴蝶

探究蝴蝶的一生，再将它们放归自然

实验材料

→ 毛虫 (从网上购买或在你家附近捕捉)

→ 毛虫的饵料(从网上购买或在你家附近收集)

→ 饲养毛虫的容器（从网上购买或用广口玻璃瓶、纸和橡皮筋等制作）

→ 干纸巾

→ 干木棒

→ 手持放大镜(可选)

→ 数码相机（或有摄像头的手持设备，如智能手机、平板电脑等）

→ 实验日志，笔

 ### 安全提示

→ 可以从网上购买到蝴蝶培育资源包，但请确认你所选的蝴蝶不是外来入侵品种，即选择生活在本地或迁徙时经过本地的蝴蝶。

→ 你还可以在你家附近找到属于自己的毛虫，但务必做好记录，并从你发现毛虫的植物那里收集一些树叶。你需要大量的树叶以帮助蝴蝶度过幼虫期。一年中发现毛虫的最佳时机是暮春和夏季。

实验步骤

第1步： 将一片干纸巾放在毛虫饲养瓶的底部，这样便于清理毛虫的排泄物。放入一根长度适合的干木棒供毛虫爬行。（图1）在实验日志上画出你所搭建的毛虫饲养瓶的草图。

第2步： 在饲养瓶中放入1–2条毛虫和新鲜树叶或资源包中的饵料。（图2）请确保毛虫的食物是新鲜的，并每日更换干纸巾。你需要为每条毛虫画一幅彩色速写，用相机拍下它们的样子。放大镜或许可以帮助你更好地观察。在实验日志上记录下幼虫这一阶段持续的时间。

第3步： 当毛虫将自己附着在木棒上并开始化蛹时，停止喂食。你需要为每个蛹画一幅彩色速写，用相机拍下它们的样子。（图3）在实验日志上记录蛹这一阶段持续的时间。蛹的任何变化你都需要关注，有些蝴蝶的蛹变化十分明显，有些则令人难以察觉。

第4步： 在蝴蝶破茧而出后为它们画一幅彩色速写，用相机拍下它们的样子。（图4）然后你就可以放飞它们了。如果它是你从野外抓来的，请在你发现它的地方将它放飞。

第5步： 借助你的彩色速写和照片，来判断一下你饲养的是哪种蝴蝶。

图1

图2

图3

图4

 奇思妙想

蝴蝶的幼虫、蛹和成虫在形状、体型和颜色上差异惊人。蝴蝶卵的形态也极具多样性！你可以借助网络资源或学校图书馆来查找有关蝴蝶的资料，请记得分享你的发现。

科学揭秘

蝴蝶时常出现在我们家的后院里。世界上有超过18000种的蝴蝶，广泛地分布在除了南极洲以外的世界各地。它们的形态和大小差异巨大，和大多数昆虫一样，蝴蝶的生活史有4个阶段：卵、幼虫、蛹和成虫。蝴蝶成虫会在植物上产卵，然后卵发育成为毛虫（幼虫阶段）。毛虫就像是一台吞食机器，在化蛹之前它会尽可能多地取食，然后进入下一个阶段——蛹。这一阶段蝴蝶身体的变化简直令人难以置信，毛虫的身体发生羽化然后转变为能够优雅飞行的成虫。于是，数百年来一直被人类文明所珍视的美丽蝴蝶诞生了。

在这个实验中，你将会探究蝴蝶从幼虫到成虫的生活史，最后将它们放归自然。

与青蛙 "交谈"

探究本地水域，试着与那里的青蛙进行 "对话"

实验材料

→ 手电筒（或头灯）

→ 小型鱼捞

→ 小型塑料（或玻璃）容器

→ 手持放大镜

→ 数码相机（或有摄像头的手持设备，如智能手机、平板电脑等）

→ 具有录音功能的手机（或手持设备）

→ 实验日志，笔

安全提示

→ 青蛙通常会栖息在水边，因此你可以去池塘、湖泊、小溪和平静的河边寻找它们。最好在暮春或夏天的某个温暖的午后开展这个实验。由于这个实验的部分环节需要在夜间进行，建议你提前进行踩点。

→ 请记住青蛙和蝌蚪是活体动物，用手触摸它们时动作要轻一点，最后还要把它们放归原处。手上不要涂乳液或驱虫剂，青蛙的皮肤渗透性很强，这些物质对它们的健康不利。

实验步骤

第1步： 在日落时分，前往青蛙观察点，找一处舒适的地方坐下来，闭上眼聆听青蛙的叫声。（图1）将你看到的周围环境画在实验日志上，记录时间和大致的温度（尽量猜测一下或者查询当天的天气预报）。如果你听到了青蛙的叫声，把它们录制下来。

第2步： 戴上头灯，在水边悄悄地行进。看看附近的浅水区有无蝌蚪游动时泛起的水纹或跳入水中的青蛙（听觉可能比视觉更能帮到你）。当你找到蝌蚪与青蛙的聚集地后，用鱼捞轻轻地捞出1-2只蝌蚪。将它们放入你事先准备的容器中，观察它们的活动。（图2）将它们画在实验日志上，拍照后将再放归原处。

第3步： 静静地坐着等待青蛙发出叫声，用自己低沉的嗓音回应青蛙（尽量模仿你所听到的蛙鸣声）。如果你得到了青蛙的回应，那就以更快的速度回应它们，看看你和青蛙谁先结束 "对话"？你可以与青蛙 "交流" 多久？一旦你找到了与青蛙 "交流" 的诀窍，把你们的 "对话" 录下来，与大家分享。

图1

图2

第4步：尝试捕捉一只青蛙并仔细观察。你的速度要快，观察结束后立即将青蛙放归自然，以免使青蛙过于紧张。把它画在实验日志上或者拍一张它的照片，看看它们与蝌蚪之间有怎样的差异（你需要一位助手帮你拿着摄像设备，以防止它掉入水中）。

图3

奇思妙想

为青蛙建造一处合适的栖息场所，可以让它们在你的后院安家。将一个小花盆侧放，一半埋入土中，在盆口摆放一些石头和植物起到掩护作用。（图3）你还可以为青蛙留一些蠕虫作为它们的食物。每天傍晚查看一下，你的"新房客"是否来临。

科学揭秘

和蝴蝶一样，在发育过程中身体发生巨大变化的青蛙也经常会出现在你家的后院里。除南极洲外，存在着近乎7000种的蛙类，广泛地分布于世界各地。它们的生活史有3个阶段：卵、蝌蚪（幼体）和成蛙。不同蛙类的体型、外貌和体色极具多样性。蛙类在生态系统中扮演着重要的角色，它们是高效的害虫捕食者，蚊子和苍蝇都是它们的食物。它们还是整个生态系统是否健康的指标，鱼类、鸟类、哺乳类和爬行类，甚至是其他蛙类都会把它们作为食物。蛙类会以声音进行交流，这是它们的一个有趣特征。每种蛙类发出的叫声是独一无二的，它们会利用叫声求偶、标记领地、预警和宣告自己尚未处于发情状态。蛙类甚至还有可能会对人类发出的叫声作出回应！

在这个实验中，你将近距离地观察本地蛙类，并测试一下自己用声音与它们进行交流的能力。

设计你的野外考察指南

借助你掌握的新知识，为社区中的伙伴设计野外考察指南

 ## 实验材料

→ 实验日志，笔
→ 数码相机（或有摄像头的手持设备，如智能手机、平板电脑等）
→ 打印机
→ 研究材料（例如图书馆里的书籍或网络资源）
→ 彩色铅笔，蜡笔，水彩笔，记号笔

 ## 安全提示

→ 为了避免你设计的野外考察指南完成难度过大，你需要设置一个上限。例如，在你的指南上，每个类别最多涉及5种本地动物。例如，可以考虑选取3种昆虫、3种蜘蛛、3种鱼类、3种两栖类、3种鸟类、3种爬行类和3种哺乳类；可以添加"其他无脊椎动物"类别，将例如鼠妇①和马陆②这样较为常见的无脊椎动物包含在内。你还可以限定指南中涉及的观察区域，例如，仅限定于你家的社区或自家的后院。

实验步骤

第1步： 基于你已经做在实验日志上的记录，罗列出野外考察指南中涉及的动物（单元1和单元7中的实验对你最有帮助）。根据动物列表确定这份指南的重点：是要关注单个动物类群还是多个动物类群？

第2步： 用实验日志上的一页来记录一种动物，包括照片、原始绘图以及你所记录的关于这种动物的有趣信息：它的名称是什么？它看上去像什么？哪里是最佳观察点？它在一年中的什么时候会出现？它有哪些行为？它的食性是什么？（图1）

第3步： 尽可能地发挥创意，将你设计的野外考察指南分享给大家。

译者注：
① 又名潮虫、西瓜虫、地虱等，通常生活在潮湿、腐殖质丰富的地方。
② 又名千足虫，是在山地、石头下及腐烂树根下常见的一种节肢动物。

图1

在你已经很好地了解了生活在自家周边的动物之后，你就可以利用掌握的知识设计一份富有创意的野外考察指南。探险者利用野外考察指南进行探险活动已有上百年的历史，他们依靠自己的绘图、照片和一些已掌握的本土（或迁徙过程中经过当地）动植物知识来帮助自己。某些野外考察指南只关注特定区域内的一种动物，例如鸟类。某些野外考察指南会关注区域内的各种动物，甚至包含植物。

在这个实验中，你将设计一份独一无二的野外考察指南，填补你的社区的空白！

奇思妙想

你可以通过各种面向大众的"公民科学计划"共享你的数据，该计划是在一些非科研人士的帮助下进行的全球项目，各种不同种类的动物均有涉及。浏览网站scistarter.org，搜寻你当地的项目；你可以在网站iNaturalist.org上，分享世界上任何地点的观察结果。赶快建立你的账户，发表你的意见，这是一件很容易的事情！

支持本地动物

野生动物需要我们的支持。

生活在我们身旁的野生动物不仅能和你进行一些绝妙的互动，它们中的许多成员还能体现自身的宝贵价值，例如传播种子、为植物授粉和控制害虫等。

现在，人类更应该为这个世界作出一些积极的改变了。面对动物栖息地环境被破坏、全球污染和气候变化，我们有责任帮助身边的野生动物重新适应被我们影响后的环境。你可以参与完成许多具有建设性的事情，这可是一个好消息！

本单元的实验将帮助你为当地的野生动物营造一个繁衍生息的空间。从种植本地植物到为各种本地动物建造"住房"，你可以将这些动物安顿到自己身边并帮助它们生存繁衍下去，让我们为野生动物的美好未来尽自己的一份力！

建造动物花园

通过设计和建造一个适宜野生动物安家的花园来支持本地动物

实验材料

→ 本地植物
→ 鸟食盆（规格和形状适合你的花园空间）
→ 铲子
→ 小型池塘衬垫
→ 实验日志，笔

安全提示

→ 即使花园的空间不太宽敞，它依然可以成为一个适宜动物居住的花园。花园的地点可以选择已种植了植物的自家前院或后院，阳台与露台也可作为选项。你还可以改造现有的花园，使其变得更加适宜野生动物生活。

→ 早春或初夏是你设计和建造花园的最佳时机，因为那时天气不炎热，新种的植物也更易存活。可以在生日时以获赠礼物的方式得到建造花园所需的用品，也可以在平日通过承担家务获取必要的花园建设资金。

实验步骤

第1步： 为你的动物花园选择一个合适的地点。附近要有水源，以便为植物浇水和填充池塘提供便利。如果你直接在地上种植植物，要注意土壤和光照条件，种植在靠近走道的院子外围为宜。在建造花园前，先拍一张照片，这样你就能在花园建造完成后进行对比。（图1）

第2步： 选择你要种植的植物。去学校的图书馆、当地的自然中心、博物馆或借助网络资源，做一些关于如何辨识本地植物的研究。当地苗圃场的员工也应该能够为你提供帮助。请思考每种备选植物成熟时的大小、开花时间、气味、可以吸引哪些前来采蜜的动物、如何授粉以及是否对土壤或营养物质有特殊的需求。（图2）

第3步： 在实验日志上绘制出你心目中的理想花园，将每种植物

图1

图2

在人类活动的影响下，动物栖息地的环境遭到破坏，改善某些区域的环境以支持野生动物就显得尤为重要。你可以将自家阳台或露台设计改建成适合野生动物生活的花园。你也借此获得了近距离观察它们的机会，它们也会为你的花园发挥有益的生态功能。适合野生动物生活的完美花园应包括：本地植物、食物、水和栖身场所。计划的第一步是要确定自己可用的空间大小并寻找合适的植物。

在这个实验中，你将开始设计建造适合野生动物生活的花园，并以实际行动支持本地动物。

规划到它们相应的位置上。（图3）请留意水源（室外水龙头）的位置。你会将植物种植在地上还是花盆里？你的花园的浇水频率是多久一次？某些植物对浇水频率要求较高，但大多数的本地植物一旦适应了新环境，日常的降雨就能满足它们对水的需求。你会用什么来为花园里的植物浇水（洒水器、喷壶、软管等）？

第4步： 你可以与家人、朋友、邻居或其他愿意参与计划的人共同建造你的理想花园。根据规划区域的大小，你应该能在一天内完成花园的搭建工作，最后请不要忘记拍照。

图3

奇思妙想

看到许多不同种类的动物来到自己的花园安家是一件很奇妙的事情。在建造花园之前，了解一些动物对生活空间的需求有助于你进行规划。在正式动工前的几个星期，请观察你打算改造的区域。什么动物会来到这里？为什么要来到这个区域？你有没有在这个区域发现动物的遗留物（皮毛、羽毛、吃剩的食物、骨头、排泄物等）？建好后，动物何时"住进"了你设计建造的花园？它们最喜爱你花园里的哪些设计？

好甜的蜂窑水

支持你身边热爱花蜜的动物"邻居"

 ## 实验材料

- → 金属盘
- → 各种大小和形状不同的石头
- → 蜂鸟喂食器
- → 水
- → 白蔗糖（请勿使用红糖、原糖、蜂蜜或糖类替代物）
- → 水瓶
- → 双筒望远镜
- → 数码相机（或有摄像头的手持设备，如智能手机或平板电脑等）
- → 实验日志，笔

 ## 安全提示

- → 请仔细考虑喂食器放置的地点。将蜂鸟喂食器悬挂在足够高的位置，以防止野猫或其他捕食者触碰到。当然，放置的地点也要便于你观察。从安全角度考虑，蜜蜂的喂食器应放置在人流量较低的地方，因为有些人害怕蜜蜂，还有些人对蜜蜂过敏。将喂食器放置在开花植物旁的岩石上是个好主意。你可能需要调整几次喂食器的位置，以防止蚂蚁入侵。

- → 及时清洗并擦干喂食器，至少一周一次（在天气炎热时，次数越多越好），以防止有害的霉菌产生。然后加入新鲜糖水，再将喂食器放回原处。

- → 不要将蜂鸟喂食器中的水染色。对人类无害的食用色素可能对鸟类并不安全。蜂鸟能否被喂食器吸引与食用色素无关。

译者注：

① 我国无蜂鸟分布。在我国贵州和云南等地分布有采食花蜜的啄花鸟和太阳鸟。

实验步骤

第1步： 以1∶4的比例将糖与纯净水充分混匀制成糖水（用温水或热水更能帮助溶解，但倒出来前要先冷却一下）。（图1）先从少量糖开始（1杯糖水兑4杯水），观察可以喂食多久。你可以将剩余的糖水放入冰箱中储存几日，如果糖水出现了云状沉淀别再使用。

第2步： 蜂鸟喂食器：在蜂鸟喂食器内灌满糖水。最好在室外进行操作，以防止糖水溢出滴到室内地板上。将喂食器挂好并时常察看有无动物来访。（图2）尝试为前来取食糖水的蜂鸟①拍照或画在实验日志上。有其他鸟类或动物出现在喂食器这里吗？来访的动物在一天当中的什么时候最活跃？它们需要多久才能喝完喂食器中的糖水？它们每次在喂食器这里逗留多久？

126 ● 给孩子的动物实验室

图1

图2

图3

第3步：蜜蜂喂食器： 用水将石头冲洗干净，然后将其排列在金属盘的底部（确保至少有些石头与金属盘的边缘一样高）。安放好金属盘后小心地加入糖水，直到有部分石头的顶部微微露出水面。（图3）这些石头将成为蜜蜂到访时着陆的小平台。你可以在安全距离的范围内，通过双筒望远镜观察蜜蜂，记录它们的活动。蜜蜂来到这里需要多久？它们通常会在喂食器上停留多久？一次会来多少只蜜蜂？有其他的蜂类吗？有没有其他动物到访这里？

奇思妙想

　　除了依靠花蜜为食，蜜蜂还需要补充淡水以维持生理活动。可以考虑设计一个饮水机，其制作步骤与喂食器相同，放置在喂食器旁边供蜜蜂使用。观察蜜蜂，看看糖水和淡水哪一个更受欢迎？蜜蜂是否会依次来到喂食器和饮水机旁？它们会先选择哪一个？其他动物会光临蜜蜂的饮水机吗？

科学揭秘

　　一旦你拥有了一个适宜野生动物生活的花园，你就可以开始着手添加一些设备，以吸引它们过来。可以考虑供应糖水作为食物来源，以吸引像蜂鸟和蜜蜂这样的食蜜动物。世界各地的蜜蜂种类正在逐渐减少，它们需要我们的帮助。蜜蜂是某些植物最重要的传粉媒介，它支持着许多作物的生长与发育，包括：苹果、橙子、樱桃、鳄梨[1]、胡萝卜、南瓜和杏仁。我们难以想象如何生活在没有西兰花、花椰菜和抱子甘蓝[2]的世界里！

　　在这个实验中，你将以实际行动支持本地食蜜动物的生存。

译者注：
① 又称牛油果，一种原产于美洲热带地区的水果。
② 又称芽甘蓝，原产于地中海沿岸。

实验
49

松果喂食器

通过定制的松果喂食器来支持到访的鸟类

实验材料

→ 天然松果（无上漆、抛光和异味等）
→ 手套
→ 线
→ 小刀
→ 花生酱
→ 各种适合鸟类的食物（坚果、向日葵种子、干制水果等）
→ 鸟食
→ 盘子（或金属盆）
→ 双筒望远镜
→ 实验日志，笔

！ 安全提示

→ 将松果喂食器悬挂在掠食者无法接近的安静阴凉处（这样你的花生酱就不会在太阳直射下化掉）。

→ 如果你居住的地方没有松果，那就从网上或当地的工艺品店购买（确保你所购买的松果未上漆或喷过化学药剂）。

实验步骤

第1步： 晃动松果进行清洁，去除灰尘或碎屑。操作时要戴上手套，因为松树液很黏，将它们从皮肤或衣服上去除的难度很高。

第2步： 围绕着松果的中心系上线，长度在60~90厘米。（图1）系的结要足够坚固，因为当你加完食物后松果会变重。

第3步： 用干净的小刀在松果的每一层都涂上花生酱，将它们涂到每一行鳞片状结构间的凹槽内。（图2）

第4步： 将新鲜的鸟食撒到盘子上或金属盆内的底部。将涂完花生酱的松果放到里面滚几下，让松果表面沾满鸟食。（图3）你还可以添加一些额外的食物（大型坚果或水果干等）。

第5步： 将松果喂食器悬挂好并就近找个地方坐下来（在食物的诱惑下，前来取食的鸟类可能没那么怕人）。记录下吸引到第一批鸟类前来所需的时间。利用你的双筒望远镜仔细观察鸟类，在实验日志上绘图。最常来的是哪种鸟类？有其他动物来访问你的松果喂食器吗？

图1

图2

图3

科学揭秘

无论你是想记录观察某些本地动物，还是为了满足对本地鸟类的好奇心，设置喂食器并对其进行日常维护都会带来很多乐趣。这还有另一个重要的意义：鸟类的迁徙非常耗费体力，且路途漫长。例如，北极燕鸥每年在格陵兰和南极洲之间迁徙，距离达6.5万多千米。迁徙令鸟类精疲力竭，它们必须在中途歇息并利用各种食物资源补充能量。世界各地热情的观鸟者会在鸟类的迁徙路线上为它们留下食物。

鸟类喂食器可以用很多不同的材料制作，我们在以前的实验中已经知晓鸟类的食性很杂，因此喂食器内可以放置很多不同类型的食物（花蜜、鱼类、昆虫、坚果、虾类、种子、水果等）。

在这个实验中，你将会利用松果这一天然材料，为鸟类设置一个具有吸引力的喂食器，以实际行动支持路过本地的候鸟，当然也包括其他一些本地动物。

奇思妙想

花生酱并不是唯一的基本实验材料。你可以考虑尝试使用杏仁奶油、椰子油、羊油、猪油和植物起酥油。看看哪一种食物最受鸟类欢迎？你还可以尝试在一年中的不同时期悬挂松果喂食器，看看来访动物是否会随着季节变化而不同。

鸟儿的巢箱

通过制作人工巢箱来支持本地的鸟类

观性。例如，巢箱入口的规格多样，但如果做得太大，鸟类的天敌就能轻易地进入巢箱。

实验步骤

第1步： 依照材料包中的说明，制作自己的巢箱，如有疑惑可求助他人。（图1）巢箱的底部应设置排水孔，防止其过于潮湿，在屋顶的轮廓线下还应设置小型通风孔。不要在巢箱的外面安装供鸟站立的小木板，这会让类似松鼠这样的不速之客轻易地进入巢箱。如果条件允许，试着改建你的巢箱，便于定期打开它进行清洁（可以在巢箱底部或屋顶装上铰链或闩锁）。

第2步： 使用无毒防水胶将天然材料粘贴到巢箱上。（图2）许多制作材料包内都包含用于装饰巢箱的颜料，但自然的颜色和材料更适合鸟类。任何材料都不要过度使用。将制

 实验材料

→ 鸟类巢箱材料包

→ 常用工具（螺丝刀、电钻、锤子等）

→ 天然材料（树皮、苔藓、干树叶、橡子、松针等）

→ 无毒防水胶

→ 绳子（或链子）

→ 实验日志，笔

→ 金属零件（铰链或闩锁，可选）

 安全提示

→ 如果家中配有工具且家人具备木工经验，你可以考虑设计并建造一个自己的简易人工巢箱（查看网上的免费教程）。对大多数人来说，利用从网上或工艺品商店购买的材料包来制作一个人工鸟巢是最容易的。巢箱的功能性应大于美

图1

图2

作完成的巢箱造型画在实验日志上。

第3步: 利用树枝将制作好的巢箱悬挂在安静阴凉处,位置应在树枝下方至少30厘米处。(图3)确保巢箱不会被松鼠和其他树栖动物及地面上的捕食者骚扰。时不时地检查巢箱,看看有没有鸟类在此安家,这过程可能需要几天到几周的时间。

图3

 奇思妙想

尽管你为鸟类提供了人工巢箱,但它们还是会在巢箱内部搭建一个简易的鸟巢。因此,你要为它们选取一些合适的材料。筑巢材料能够为鸟蛋和雏鸟起到缓冲和保暖的作用。可以考虑加入干草或干树叶、羽毛、细枝、松针、纱线或其他天然材料(事先切成小块,避免缠住小鸟)、动物皮毛、苔藓供鸟类使用。你还要在巢箱下方和院子周围多留一些材料供鸟类挑选。

 科学揭秘

支持本地的鸟类不仅仅是为了做一名好邻居。鸟类能够为植物传粉并播撒种子,它们的杂食特性有利于控制杂草和害虫的数量。设置喂食器是吸引鸟类的好方法,但巢箱会使它们待得更久。巢箱能够帮助鸟类养育后代、安全过夜、躲避糟糕的天气或天敌。一个小型至中型的巢箱可能会吸引鹪鹩①、山雀、麻雀和蓝知更鸟②。

在这个实验中,你将会为本地的鸟类搭建一个简易巢箱作为它们的避风港。

译者注:
① 俗称巧妇鸟,一类小型鸣禽,分布于南北美洲、欧亚大陆及北非。
② 一种小型鸣禽,广泛分布于北美地区。

猫头鹰的巢箱

用特别设计的巢箱来支持本地的猫头鹰

实验材料

→ 大型鸟类巢箱材料包

→ 常用工具（螺丝刀、电钻、锤子等）

→ 木材染色剂

→ 油漆刷

→ 金属杆（或大型树干）、金属零件（铰链或闩锁，可选）

→ 实验日志，笔

安全提示

→ 如果你家中配有工具且家人具备一定的木工经验，可以考虑设计并建造一个自己的猫头鹰巢箱（查看网上的免费教程）。对于多数人来说，利用网上购买的材料包制作猫头鹰巢箱是最容易的。对于猫头鹰来说，最适合的巢箱是一个长方体，它的长至少为61厘米，宽和高至少为45.7厘米，入口直径至少为12.7厘米。

图1

图2

实验步骤

第1步： 根据材料包中的说明，制作你自己的巢箱，如有困惑求助他人。（图1）巢箱的底部应设置小型排水孔，在屋顶的轮廓线下还应设置小型通风孔。如果条件允许，试着改建你的巢箱，便于定期打开它进行清洁（可以在巢箱底部或屋顶装上铰链或闩锁）。

第2步： 在巢箱的外表面刷上木材染色剂，使其能够防水。（图2）将制作完成的巢箱造型画在实验日志上。

第3步： 将巢箱安装在树干上，选择安静阴凉处或你家院子里坚固的金属杆顶端。（图3）时常查看巢箱中有无猫头鹰"入住"，尤其是傍晚时分。猫头鹰会在你的巢箱里"住"多久？一年中的什么时候，猫头鹰光顾你巢箱的频率最勤？

图3

奇思妙想

在自家的院子里设置一个猫头鹰巢箱，会令你源源不断地获得猫头鹰的食丸，这可以激发许多令人兴奋的研究课题。你可以考虑设计一个有关于猫头鹰食丸（食丸是猫头鹰经过反刍后吐出的食物中难以消化的部分，例如骨头和毛发）的研究或科学展览项目。在你家院子里的猫头鹰最常捕猎的动物是什么？猫头鹰一周要进食多少动物？一个月呢？有趣的问题多着呢！

科学揭秘

生活在你家附近和社区中的猫头鹰可以令你的花园充满生机。因为猫头鹰能够高效地捕猎老鼠和松鼠等啮齿类动物，这些动物会对农作物和其他物产造成损害。猫头鹰是世界上分布最广的鸟类之一，除了南极洲外，广泛分布各大陆。它们是优秀的啮齿动物捕食者，能够轻松适应乡村、近郊和城市环境。猫头鹰巢箱的参数设定请参考第132页。

在这个实验中，你将设计并制作一个猫头鹰的巢箱，以实际行动来支持这种大有益处的鸟类。

蝙蝠的巢箱

制作一个用树皮覆盖的蝙蝠巢箱，以此来支持本地的蝙蝠

! 安全提示

→ 如果你家中配有工具且家人具备一定的木工经验，可以考虑设计并建造一个自己的蝙蝠巢箱（查看网上的免费教程）。对于多数人来说，利用网上购买的材料包制作蝙蝠巢箱是最容易的。

→ 不要用手直接触碰蝙蝠和它的排泄物，因为它们可能携带狂犬病毒。可以在蝙蝠巢箱下方铺好塑料垃圾袋或牛皮纸，便于收集并处理它们的排泄物。

实验材料

→ 蝙蝠巢箱材料包
→ 常用工具（螺丝刀、电钻、锤子等）
→ 木材染色剂
→ 油漆刷
→ 无毒防水胶
→ 树皮
→ 实验日志，笔

实验步骤

第1步： 根据材料包中的说明制作蝙蝠巢箱，如有困惑可求助他人。在巢箱完工之前，用螺丝刀（或凿子）将木头表面弄得粗糙一点，使其看上去更像是树皮。（图1）

第2步： 在蝙蝠巢箱的外表面刷上木材染色剂，使其能够防水。

你可以用胶水将树皮一块块地粘到蝙蝠巢箱的外表面上，使其看上去更加自然，还有助于蝙蝠抓握。（图2）将制作完成的蝙蝠巢箱造型画在实验日志上。

第3步： 将蝙蝠巢箱安装在你家房屋外安静且阳光充裕的地方。（图3）位置要便于蝙蝠从巢箱下方顺利飞入巢中，蝙蝠会在房屋前向下方飞行然后直接入巢。时常察看巢箱中有无蝙蝠"入住"，尤其是傍晚时分。蝙蝠会在你的巢箱里"住"多久？一年中的什么时候蝙蝠光顾你巢箱的频率最勤？

图1

图2

图3

科学揭秘

世界上有超过1200种的蝙蝠。为它们建立巢箱是支持它们生存繁衍的一个绝妙方法。蝙蝠通常会在大树的树皮下找到合适的空间产仔和哺育后代，但随着人类的活动，大量的树木被砍伐，蝙蝠的栖息地开始减少。为蝙蝠建造巢箱的方法很好，这样它们就在你的后院里有了安身之地，壮年蝙蝠数量的上升还能控制令人讨厌的蚊子。

在这个实验中，你将通过建造蝙蝠巢箱来支持这种不可思议、具有飞行能力的哺乳动物。

奇思妙想

蝙蝠种类繁多，它们约占全球哺乳类动物物种总数的20%。栖息在你家附近的蝙蝠种类可能就有好几种，借助网络资源或去学校的图书馆查找资料，熟悉你家周边栖息的蝙蝠种类。利用双筒望远镜观察从巢箱中飞进飞出的蝙蝠。你知道它们是哪种蝙蝠吗？请仔细观察蝙蝠的大小和颜色，这是鉴别它们的重要的外部特征。记得和大家分享你学到的知识！

行动起来

探究有趣的动物世界，会激励你反思自己对环境的影响。当你在欣赏身边的野生动物那独特而脆弱的美时，你会不由自主地为它们发声。保护始于个人的行动，每个人都可以通过一些举手之劳为野生动物带去改变。

节约用水

淡水是这个世界上最重要、最有限的自然资源之一。地球上每一个生物都必须依赖水资源生存，所以我们必须尽可能合理地利用它。不管是在家里、在学校，还是外出，都要注意节约用水。想一想你自己的日常用水，找出可以节约用水的地方。例如，缩短淋浴时间，科学规划对室外植物的浇水时间，刷牙时关闭水龙头等，这些都是节约用水的简单方法，也能为你喜爱的动物提供赖以生存的资源。

拒绝塑料制品

如今，塑料污染几乎已经影响到地球上的每一个物种。不管是被海龟和鲸鱼等动物误食，还是通过海洋食物链在动物体内积聚，塑料（尤其是一次性塑料）都会对动物和它们的栖息地产生长期的负面影响，也包括影响人类！下次你和家人外出用餐时，记得拒绝使用塑料吸管。当你去购物时，记得使用自带的环保袋。不仅如此，在你生活的各个方面检查一次性塑料的使用情况，思考如何减少使用它们。如果你可以做到的话，动物们会感谢你！

让你的猫待在室内

你可能是个爱猫之人，甚至养了不止一只猫。但如果你把它们养在户外，可能会对环境造成很大的伤害。事实上，猫每年要为全球数十亿鸟类和小型哺乳动物的死亡负责。除了可能造成的伤害，猫还可能被车撞、染上寄生虫或疾病、与其他猫打架、成为猎物等。让你的猫待在室内对它们来说也是更安全健康的做法，这同时也有助于保护当地的野生动物。

少吃肉类

芝士汉堡很美味，但肉饼等肉制品的生产却对环境造成了严重破坏。为了给畜牧业提供更多场地，世界各地的许多生物栖息地被破坏，这一过程也导致了气候变化和某些形式的环境污染。如果你还没有准备好完全吃素，那就尝试减少肉类消费。尝试一下，每周有一天不吃肉，或者每天只吃一餐肉。这个小小的改变将对野生动物及其栖息地产生巨大的帮助。

应对气候变化

气候变化正在影响着地球上所有的物种，也包括人类。我们都在经历更高的气温、更长的干旱期以及更频繁严重的自然灾害，例如风暴、洪水和野火。绝大多数科学家都同意，是人类行为造成了这些变化，例如燃烧化石燃料来获得能源。既然是由人类行为导致的，那就可以通过改变我们的行为来解决问题。例如，你可以通过节约用电来应对气候变化（离开房间的时候关掉电灯，不使用电子设备的时候拔掉电源，在更小的范围内调节空调的温度等）。也可以通过改变出行方式来应对气候变化，如步行、骑自行车，或者乘坐公共汽车、火车出行。

减少使用化学品

现在你应该已经了解到自己是如何与野生动物共享当地生态系统的，那么你也应该对自己投放到环境中的东西负责。当你或家人准备使用合成杀虫剂或除草剂时，请试着使用对自然更友好的替代品。例如，无毒的肥皂、油和其他可以在不伤害环境和家庭成员的情况下有效阻止害虫滋生的用品！更好的做法是尝试进行科学的害虫管理，包括使用有益的动植物来防治害虫。

保持安静

当你在动物园里静静观察大猩猩的时候，一个超级讨厌的人走了过来，对着大猩猩大喊大叫想引起它们的注意，你遭遇过这样的经历吗？人类的行为会对野生动物产生很大影响，所以在与动物共享空间时，一定要保持尊重和安静。

致　谢

我真诚地感谢乔纳森·辛科斯基（Jonathan Simcosky）、戴维·马廷内尔（David Martinell）、梅雷迪斯·奎因（Meredith Quinn）、安德烈亚·赞德（Andrea Zander）和整个科瑞斯（Quarry）出版团队与我合作完成这个意义非凡的项目！关于动物的研究和写作让我回想起了当初为什么热爱野生动物，为什么要用我的余生去保护它们。

我也非常感谢圣地亚哥动物园的"野生动物联盟"，尤其是艾利森·艾伯茨（Allison Alberts）、奥利·里特勒（Ollie Rider）和整个社区参与团队（又名"杰出女性联盟"）在我的职业和个人追求上给予我的支持。能与这样一个拥有着如此鼓舞人心的使命和如此远大愿景的组织一起工作，我感到非常幸运！感谢圣地亚哥自然历史博物馆、卡迪夫小学和美国国家科学基金会，是你们点燃了我对科学教育的热情。

特别感谢马歇尔·赫丁（Marshal Hedin），激励我成为无脊椎动物（无所不在的小家伙）领域的佼佼者。感谢巴里（Barry）和安妮·穆尼茨（Anne Munitz），他们让我对这个世界大开眼界，更感谢他们支持我的团队在国内外的社区开展工作。

我还要感谢我的父母，感谢他们在我小时候经常带我和妹妹詹娜去大自然（从鲑鱼湖到银色瀑布），尽管詹娜总是在长途旅行途中"消失"……他们教会我，总有很多未知要去探索发现（直到今天，他们仍然教我这么做）！还要特别感谢可爱的波皮，因为他花了很多时间和专家一起校对！感谢所有为本书分享笑容的孩子们（当然还有他们出色的、耐心的父母）！最后，感谢我的丈夫——布拉德（一位出色的摄影师），以及我的女儿雷恩和菲比，是她们唤醒了我生命中最重要的事情，并让我始终保持着对探索大自然的热情。

玛吉·雷伯德

（本书作者）

Alexandra

Ava

Bailey

Bennett

Brennan

Caleb

Clara

Elsie

Faith

Halle

Hana

Jacqueline

Karim

Lauren

Mariam

Maris

Nicholas

Phoebe

River

Samantha

Sarah

Sophia

Troy

Tyler

Vincent

Wren

Lou Lou

关于作者

玛吉·雷伯德（Maggie Reinbold）

　　她是美国圣地亚哥动物园"野生动物联盟"的社区参与部主任，领导着一个充满活力的团队，致力于策划和实施与社区的联动项目，以保护野生动物和它们的栖息地。她在美国迈阿密大学教授生物学，也是该校的客座教授，开设了夏威夷岛地球探险课程。玛吉在圣地亚哥州立大学获得了生物学学士和硕士学位，主要研究下加利福尼亚半岛的沙漠水生昆虫的种群遗传学。

　　她曾在许多正式和非正式场合开展科学教育，包括圣地亚哥动物园动物保护研究所、圣地亚哥自然历史博物馆、卡迪夫小学和圣地亚哥州立大学等。作为美国国家科学基金会的科学研究员，她与圣地亚哥各地的学校老师一起实践"动手做"科学教育，也在北极阿拉斯加度过很长时间，将"动手做"科学教育带到了阿拉斯加北坡地区那些教育欠发达的地区。目前，她与丈夫、女儿们一起住在加利福尼亚州的波威市。

关于摄影师

布拉德福德·霍林斯沃思（Bradford Hollingsworth）

  他是圣地亚哥自然历史博物馆的生物学家和策展人。他对摄影抱有极大的热爱，这种热爱源于他童年时期的语言障碍。语言障碍使他的主要交流方式从口头转向了视觉，摄影便成了一种自然的表达方式，很快这种爱好就与他对自然的热爱融为一体。布拉德擅长动物摄影、善于捕捉人们探索自然的时刻，他还将博物馆庞大的收藏转化为数字化藏品。他的摄影作品广泛出现在自然指南、宣传材料、网站、书籍和博物馆展览中。布拉德福德在圣地亚哥州立大学获得学士和硕士学位，在洛马林达大学获得博士学位。

  本书的作者和摄影师是一对夫妇，并育有两个孩子。他们一家人都喜欢探索大自然。书中的许多活动都曾作为科学项目在他们的家里完成，也是这个家庭对世界上的森林、丛林、海洋和沙漠进行探险的一部分。

译后记

我们五位译者都长期从事科学研究和科普教育工作。在我们的工作中，有很多关于动物的科普教育活动，比如，了解不同的鸟类有着不同的喙和足，观察蝴蝶的一生，认识造型多样的巢穴等。但大多还是从旁观者的角度去认知，如果被问及如何在家里观察动物，则会面露难色。

在本书的翻译过程中，我们发现作者设计了一个又一个巧妙的实验，让大家可以亲自动手，主动去探索动物的行为、习性。而且，这些实验在家中就能操作，凭借简单的实验材料，寥寥几步就可以认识动物、了解动物、爱上动物。这种打破传统的教育方式，随时随地都能进行的"动物实验室"，也开阔了我们科普教育工作的视野，填补了科普教育中家庭实验的空缺。

在翻译的过程中，我们经常会感叹作者的细心，比如安全问题，不仅会提醒注意实验操作过程中的人身安全，还会提示保护身边动物的安全，防止实验给它们带来危害。

经常会感叹实验材料的精妙，小到一个图钉，大到一块土地，就用如此简单的材料，专注于实验本身，结合有效的实验方法，便可以完成一次与动物相关的实验。

经常会感叹实验的独立性，52个实验都可以由小朋友和小伙伴一起完成，如果大人愿意，也可以加入进来，一起探索动物世界的奥秘。

在这本书里，经常会提到一本实验日志，在一次次的探究旅途中，用来详细记录探究的过程和观察的结果。在这样的实验日志记录中，可以完整保存从实验过程中获得的信息，以及通过实验发现的问题和想法，这其实就是在实践真正的科学研究过程。孩子们长大后回头看看自己过去的实验日志，回忆起为探究动物而亲自动手做的实验，不仅很有趣也很有益。这也是我们这些科学工作者曾经做过以及正在做的事。

希望能有家庭或者学校使用这本书作为关于动物的自然探索指南，在认识并了解动物后，去热爱和保护它们。就像本书的作者所讲的：如果想要保护动物，首先得要了解它们。

本书的译者按照章节顺序包括：朱峤、舒琛、孙颖、杭欢、韩俊杰。尽管翻译前后我们进行了多次讨论与修订，以保证整本书的一致性，但疏漏难以避免，欢迎读者交流指正。

本书译者

朱　峤（博物馆学博士）

舒　琛（教育学硕士）

杭　欢（植物学硕士）

孙　颖（英语专业学士）

韩俊杰（水产养殖学学士）

FOR KIDS
LAB

给孩子的实验室系列